Durchstarten mit 50 plus

Hans-Georg Willmann

DURCHSTARTEN MIT 50 PLUS

Wie Sie Ihre Chancen auf dem Arbeitsmarkt nutzen

Campus Verlag
Frankfurt/New York

MIX
Papier aus verantwortungsvollen Quellen
FSC® C089473
www.fsc.org

ISBN 978-3-593-50927-3 Print
ISBN 978-3-593-43942-6 E-Book (PDF)
ISBN 978-3-593-43962-4 E-Book (EPUB)

Umschlaggestaltung und Grafiken: Guido Klütsch, Köln
Satz: Fotosatz L. Huhn, Linsengericht
Gesetzt aus: Minion und Myriad Pro
Druck und Bindung: Beltz Grafische Betriebe, Bad Langensalza
Printed in Germany

www.campus.de

INHALT

Anhang

EINE GESCHICHTE ZU BEGINN

Mein Name ist Hans-Georg Willmann. Ich werde dieses Jahr selbst 50. Und wie viele heute 50-Jährige habe ich meine Berufstätigkeit zu einer Zeit und in einer Welt begonnen, die ziemlich anders war, als sie heute ist. Der rasante digitale Fortschritt der vergangenen 30 Jahre hat die Arbeitswelt durcheinandergewirbelt. Aber von vorn ...

1985. Ich war 16 und gerade in der Ausbildung zum Industriekaufmann bei einem Global Player (heute Pfizer). Viele größere Unternehmen stellten in dieser Zeit ihre Administration von der elektrischen Schreibmaschine zur computerisierten Textverarbeitung um. Zwei Jahre zuvor hatte Apple den ersten Büro-Computer mit Maus auf den Markt gebracht. Die New York Times *schrieb damals:*

> »Statt Befehle einzutippen, zeigt man Bilder auf dem Bildschirm, indem man ein von Hand geführtes Gerät, genannt Maus, auf der Oberfläche des Schreibtischs nah beim Computer herumschiebt. Während die Maus sich bewegt, bewegt sich der Cursor – das ist der Pfeil, der auf bestimmte Stellen am Bildschirm zeigt – entsprechend.«
>
> *(The New York Times: Andrew Pollack: Apple's Lisa Makes a Debut. 19.01.1983. Anm. d. Autors: Übersetzt aus dem Englischen.)*

Heute erscheinen uns diese Zeilen fast skurril: »(...) ein von Hand geführtes Gerät, genannt Maus (...)«. Doch damals war die neue Technologie eine Herausforderung, ja eine Revolution. Die Leute in meinem Ausbildungsbetrieb sind ganz unterschiedlich damit umgegangen. Viele, besonders die über

50-Jährigen, erzählten mir, sie bräuchten sich nicht mehr umzustellen. Es sei viel zu kompliziert, auf einem Computer zu schreiben. Außerdem müsse man mit Ausgabegeräten, den Druckern, das Getippte auf Papier bringen und das würde nicht richtig funktionieren. Da sei ihnen ihre alte IBM-Kugelkopfschreibmaschine lieber. Die funktioniere bislang und werde es auch weiterhin tun. Nur ein Abteilungsleiter, Michael, 52 Jahre alt, dem ich zu der Zeit zugeordnet war, reagierte anders. Und das hat mich so sehr beeindruckt, dass ich mich noch heute, 33 Jahre später, daran erinnere. Michael rief mich eines Tages in sein Büro: »Hans-Georg, du hast sicher einen Computer zu Hause, erkläre mir den Computer.« Ich schaute wohl so verdutzt, dass Michael einfach weiterredete. »Weißt du, Veränderungen sind nicht aufzuhalten. Die einen lehnen sie ab, aus Bequemlichkeit oder Angst. Die anderen sehen darin eine Chance. Du kannst dich jeden Tag neu entscheiden, zu welcher Gruppe du gehören willst. Ich will den Computer lernen.« Ich wusste damals nicht, wie sehr Michael meine Einstellung zu Veränderungen prägen würde.

In den 1980er Jahren revolutionierte der PC die Datenverarbeitung und damit das Leben vieler Menschen – entgegen den Rufen vieler Skeptiker, die darin nur ein Spielzeug sahen. In den 1990er Jahren veränderte das World Wide Web unsere Kommunikation radikal. In den 2000er Jahren kamen das Smartphone und damit verbunden die Apps, die wiederum von vielen als Spielerei abgetan wurden. Mittlerweile gibt es für fast alles eine App oder eine Software, die uns unser Leben sehr angenehm und viele klassische Jobs überflüssig macht. Zahlreiche Berufsbilder verändern sich dramatisch – oder sie verschwinden ganz. In zehn Jahren wird es viele der heute noch existierenden Bürojobs nicht mehr geben. Schalterangestellte in der Bank oder Versicherungsmakler auf Hausbesuch werden wohl aussterben – und auch die Stromzählerableser. Jeder von uns wird diese Arbeiten mehr und mehr selbst übernehmen – mit Hilfe einer App. Schnell, unkompliziert und nahezu kostenfrei. Die digitale Revolution ist nicht aufzuhalten. (Oxford-Studie, 2013)

Die Digitalisierung macht auch vor den Werkstoren deutscher Unternehmen nicht halt. Das Internet der Dinge (Internet of Things, kurz IoT) – ein Netzwerk von Geräten, in dem Elektronik, Software und Sensoren den Austausch und die Analyse von Daten ermöglicht – schafft die Industrie 4.0.

Aber es geht weiter. MIT-Forscher sprechen aktuell von einem dritten großen digitalen Umbruch. In Zukunft werde die Produktion umgekrempelt. Die Industrie 4.0 sei nur ein Zwischenschritt. Der Herstellungsprozess von Produkten lasse sich – ähnlich wie Filme, Musik oder Software – als digitaler Strang von Nullen und Einsen darstellen. Wenn die Fabrikation aller Dinge auf diese Weise digitalisiert sei, dann werde sich die Möglichkeit auftun, dass sich jedermann alles selbst machen kann. In einer offenen Werkstatt um die Ecke. Der Replikator aus Star Trek *wäre damit Wirklichkeit. (Quelle:* Spiegel Online *16.02.2018)*

Seit Ausbildungsbeginn 1985 hat sich in meiner Lebens- und Arbeitswelt ziemlich viel ziemlich radikal verändert. Immer wieder gibt es neue Technologien, neue Chancen und neue Anforderungen. Ich komme immer wieder an den Punkt, an dem ich mich über technische Neuerungen ärgere. Weil ich mich neu einarbeiten muss und weil ich häufig nicht sofort verstehe, wie alles funktioniert. Weil ich merke, dass die Jüngeren schneller sind. Weil ich mich manchmal nach dem Sinn frage und danach, ob ich das denn überhaupt (noch) brauche. Immer, wenn es so weit ist, denke ich an Michael und daran, was er 1985 im Alter von 52 Jahren zu mir gesagt hat. Und mein Widerstand schwindet.

Wenn Sie zu diesem Buch gegriffen haben, bedeutet das vermutlich, dass Sie vor einer beruflichen Veränderung stehen. Vor einer Neuorientierung. Jetzt. Mit Anfang, Mitte 50. In einem Alter, in dem das Leben eigentlich in geregelten Bahnen verläuft. Sie sich etabliert und in stabilen Verhältnissen eingerichtet haben. Eigentlich hatten Sie nicht vor, noch einmal die Stelle zu wechseln. Doch Sie merken, dass es im Job nicht mehr stimmt. Dass der Spaß an der Arbeit und die Identifikation mit der Firma schleichend verloren gegangen sind. Dass noch mehr in Ihnen steckt und dass Sie aufbrechen wollen – um etwas anderes zu machen. Oder aber Sie verlieren ungewollt und überraschend Ihren Job. Weil die Firma zum Beispiel ins Schlingern geraten ist.

Unabhängig davon, ob die anstehende Veränderung freiwillig oder erzwungen ist: Sie brauchen wahrscheinlich eine neue Erwerbsidee – einen neuen Job.

Die gute Nachricht ist: Noch nie war die Zeit für einen Aufbruch 50 plus besser als heute. Vergessen Sie die Schlagzeilen, dass Sie in Ihrem Alter keine Chance mehr haben. Fakt ist: Sie haben Chancen, sich mit über 50 in der Arbeitswelt neu zu positionieren. Aufgrund der demografischen Entwicklung fehlen gut ausgebildete Arbeitskräfte. Aktuell sind über eine Million offene Stellen gemeldet. Noch einmal so viele Stellen werden ohne öffentliche Ausschreibung besetzt – das ist der verdeckte Arbeitsmarkt. (Institut für Arbeitsmarkt- und Berufsforschung, 2018) Dazu kommen eine Million Möglichkeiten in der digitalen Arbeitswelt. Heute kann sich fast jeder neu erfinden, neue Erwerbsideen umsetzen, den großen Aufbruch in ein neues Leben wagen, sein Potenzial entfalten und neu durchstarten.

Fakt ist aber auch: Vielen Menschen über 50 fällt es schwer, sich auf dem Arbeitsmarkt zu bewegen und sich neu zu positionieren. Viele wissen nicht genau, was sie da draußen erwartet, wo sie anfangen sollen und wie. Was Sie eigentlich genau wollen und warum. Welche Möglichkeiten sie in der Arbeitswelt 4.0 haben und wie sie ihre Chancen auf dem Arbeitsmarkt nutzen. Wenn es Ihnen auch so geht, dann wird Ihnen mein Buch weiterhelfen.

Seit 20 Jahren coache ich Menschen in der zweiten Lebenshälfte, die durch eine Krise in ihrer Karriere motiviert, oft auch gezwungen sind, sich neu zu positionieren. Eins ist mir während dieser Zeit ganz klar geworden: Um beruflich erfolgreich durchzustarten, brauchen Sie *einen persönlichen Masterplan* und *eine aktive Haltung*.

Dieses Buch zeigt Ihnen praxisnah und Schritt für Schritt alles, was Sie wissen müssen, um diese Haltung zu entwickeln und Ihren individuellen Masterplan zu entwerfen. Sieben Fragen bilden dabei den roten Faden, an dem Sie sich orientieren können:

1. Was wollen Sie?
2. Was können Sie?
3. Was ist passiert – und warum?
4. Wie geht es Ihnen?
5. Was müssen Sie sofort beachten?

6. Welche Erfolgsfaktoren bringen Sie weiter?
7. Wie entwerfen Sie Ihren persönlichen Masterplan?

Mit diesem Buch an Ihrer Seite starten Sie durch – mit 50, 55 oder darüber hinaus. Ich wünsche Ihnen viele kleine und große Aha-Momente und viel Erfolg beim Neustart 50 plus.

Ihr Hans-Georg Willmann
Freiburg im Frühjahr 2018

Ein Hinweis vorab: Aus Gründen der besseren Lesbarkeit verzichte ich auf die gleichzeitige Verwendung männlicher und weiblicher Sprachformen. Selbstverständlich gelten sämtliche Personenbezeichnungen gleichermaßen für Leserinnen und Leser.

Teil I
STARTKLAR MACHEN FÜR IHRE ZUKUNFT

Eine berufliche Neuorientierung mit 50 plus ist eine komplexe Sache. Das wird oft unterschätzt. Der Veränderungsprozess betrifft fast alle Bereiche des Lebens, in denen Sie sich bislang stabil eingerichtet hatten. Betroffen sind Ihre Finanzen und damit Ihre Existenzgrundlage, die Arbeitskollegen, Freunde und Familie, und damit Ihr soziales Umfeld, manchmal auch Ihre Gesundheit und oft die großen Fragen nach dem Sinn und den eigenen Werten. Gleichgültig, ob Sie sich freiwillig oder gezwungen neu orientieren – Sie stehen vor einem Abenteuer. Sie verlassen Ihr gewohntes Umfeld und starten ins Unbekannte – mit ungewissem Ausgang.

Im ersten Teil des Buches machen Sie sich startklar für dieses Abenteuer. Ihre Antworten auf fünf entscheidende Fragen werden Sie auf einen Erfolgskurs bringen:

1. Was wollen Sie?
2. Was können Sie?
3. Was ist passiert und warum?
4. Wie geht es Ihnen?
5. Was *müssen* Sie sofort beachten?

1 DIE ZUKUNFT

Fast jeder zweite Deutsche ist unzufrieden mit seinem Job und wünscht sich eine Veränderung. Aber was für eine? Wer mit 50 plus den großen Aufbruch plant, muss sich grundlegende Fragen stellen. Doch nicht jeder will sich gleich komplett neu erfinden. Manche wollen einfach den gleichen Job bei einem anderen Arbeitgeber weiterführen. Und manchmal ist sogar ein Neustart beim alten Arbeitgeber möglich.

Wie ist das bei Ihnen? Wie groß soll Ihre Veränderung werden? Kennen Sie Ihre Möglichkeiten auf dem Arbeitsmarkt? Welche Fähigkeiten bringen Sie für die Arbeitswelt 4.0 mit? Und welche Erwerbsideen verfolgen Sie eigentlich?

KURSKORREKTUR

Ein »Weiter so« gibt es nicht – so viel steht für Sie fest. Aber was soll sich bei Ihnen ändern? Was wollen Sie?

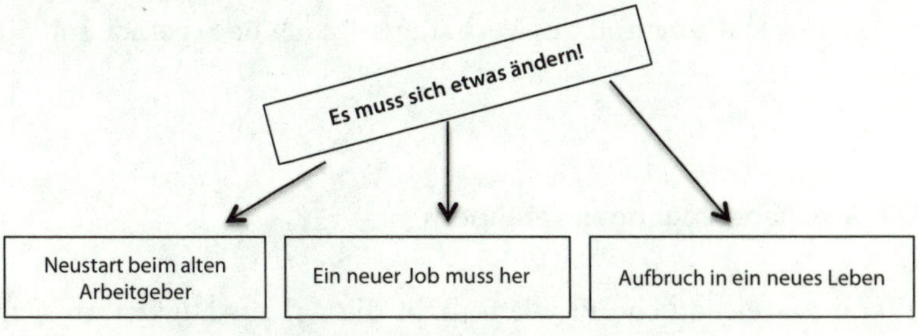

Abbildung 1: Die drei Hauptveränderungswege

Neustart beim alten Arbeitgeber?

Bleiben oder gehen? Träumen Sie von einer neuen Stelle? Nicht immer ist ein Wechsel ratsam. Manchmal liegen die Gründe für die Unzufriedenheit ganz woanders. Ein Neustart beim jetzigen Arbeitgeber kann sinnvoll sein – und ist häufiger möglich, als man denkt. Während der Arbeit mit meinen Klienten stellt sich immer wieder heraus, dass die Leute eigentlich ihren Job mögen und auch das Umfeld mit den netten Kollegen schätzen. Der Grund für die große Unzufriedenheit und der Wille zu wechseln liegen häufig im Umgang mit den Widrigkeiten des Arbeitsalltags.

Die eigene Haltung und das Verhalten reflektieren

Manche leisten seit Jahren Überstunden, überlasten sich und fantasieren sich vor lauter Frust in einen Traumjob hinein – anstatt Nein sagen zu lernen. Andere finden keinen angemessenen Umgang mit ihrem cholerischen Chef oder den dominanten Kollegen, ziehen sich innerlich zurück und träumen von einem anderen Beruf – anstatt Strategien zu entwickeln, um sich besser abgrenzen zu können. Manche wollen auch vor allem deshalb wechseln, weil sie das Gefühl nicht loswerden, den eigenen Job sattzuhaben. Im falschen Job sind die meisten Leute aber nicht. Ein Jobwechsel würde wenig ändern. Denn es gibt überall Routineaufgaben, dominante Kollegen, cholerische Chefs und viel zu viel Arbeit. Die Lösung liegt hier vielmehr in der Veränderung der eigenen Sichtweise, der Haltung und des Verhaltens – auch oder gerade mit 50 plus.

Die Arbeitsbedingungen verändern

Wenn das eigentliche Problem nicht die Arbeitstätigkeit an sich ist und auch nicht darin liegt, dass Sie noch keine Strategien entwickelt haben, um mit verschiedenen Situationen im Job besser klarzukommen, dann sind es häufig die Arbeitsbedingungen, die als unzumutbar empfunden werden. Das Großraumbüro oder die Arbeitszeiten, die Arbeitsabläufe oder die ständige Bildschirmarbeit, die jetzt mit über 50 nicht mehr zu Ihren Vorstellungen und Bedürfnissen passen. Hier können Sie mit einem Arbeitgeberwechsel zwar etwas ändern, aber warum gleich kündigen und die Anstrengung der Jobsuche mit 50 plus auf sich nehmen? Vielleicht sind Veränderungen auch beim jetzigen Arbeitgeber und im alten Job möglich? Haben Sie das schon einmal mit Ihrem Vorgesetzten besprochen? Suchen Sie das Gespräch mit Ihrem Chef und klären Sie offen und konkret ab, ob und, wenn ja, wie sich Ihre Arbeitsbedingungen verbessern lassen. In vielen Fällen ist mehr möglich, als man denkt.

Viele meiner Klienten sind von solchen Überlegungen und Erkenntnissen oft erst einmal enttäuscht, weil sie eigentlich nach aufregenden neuen Möglichkeiten gesucht haben. Einige Tage nach der Ernüchterung fühlen sie sich jedoch erleichtert. Vielen gelingt es, ihre Sichtweise auf ihren Arbeitgeber und auf ihren Beruf zu ändern – und viele können mit Hilfe eines Coachs Ideen für ein Gespräch mit dem Vorgesetzten entwickeln oder die Fähigkeit trainieren, sich besser abzugrenzen und Nein zu sagen, um sich von dominanten Menschen nicht zu sehr beeinflussen zu lassen. Dann kehrt die Zufriedenheit zurück. Beim aktuellen Arbeitgeber. Im alten Job.

Doch manchmal sind die Zerwürfnisse mit dem Chef oder den Kollegen nicht mehr zu kitten, die Arbeitsbedingungen aufgrund betrieblicher Notwendigkeiten nicht zu ändern, Ihre Vorstellungen und Bedürfnisse nicht mehr zurückzuschrauben oder das eigene Verhalten im jahrelang gewohnten Umfeld zu schwer zu ändern. Die Kündigung ist ausgesprochen – egal von welcher Seite. Es gibt kein Zurück. Ein neuer Job muss her. Und am besten einer, bei dem die Dinge besser werden, als sie waren.

Ein neuer Job muss her

Als Karriereberater bin ich davon überzeugt, dass in verschiedenen Lebensaltern unterschiedlich große Veränderungen möglich und ratsam sind. Kommen Klienten um die 30 zu mir und äußern den Wunsch, noch einmal komplett umzusatteln, ergibt das oft einen Sinn. Viele merken erst nach ihrem Studium und nach einigen Jahren im Beruf, dass sie die falsche Richtung eingeschlagen haben. Bei 50-Jährigen, die an einem Wendepunkt im Arbeitsleben stehen und mit Umbruchwünschen in die Karriereberatung kommen, sieht das oft anders aus. Viele kommen mit einer Sinnkrise und dem Gefühl, alles neu machen zu müssen. Doch das ist häufig gar nicht nötig und auch oft nicht sinnvoll.

In der Karriereberatung achte ich daher immer darauf, ob ein kompletter Berufswechsel unerlässlich ist oder ob eine kleinere Kurskorrektur ausreicht. Je älter die Ratsuchenden sind, umso deutlicher frage ich auch ab, ob die Klienten von dem neuen Beruf leben müssen und ob finanzielle Rücklagen vorhanden sind. Ein Berufswechsel oder die Verwirklichung im Traumberuf sind schließlich meistens mit mehreren Jahren Aufbauarbeit, mit einer Aus- oder Weiterbildung und mit oft erheblichen finanziellen Einbußen verbunden. Von den Wechselwilligen, die über 50 sind, interessiert sich deshalb auch nur ein Teil für eine große berufliche Veränderung. Die meisten wollen im alten Beruf bei einem neuen Arbeitgeber durchstarten.

Was genau wollen Sie? Wollen Sie den Beruf wechseln oder lediglich einzelne Facetten im Job ändern? Kreuzen Sie einmal an, bei welchen der folgenden sechs Jobfaktoren Sie etwas verändern wollen.

Um wieder erfüllter und zufriedener zu arbeiten, reicht es häufig aus, wenige Jobfaktoren zu verändern. Auf der Suche nach mehr Sinn kann es schon helfen, die Branche zu wechseln – zum Beispiel weg von der freien Wirtschaft und hin zu einer Stiftung. Wer eine gesündere Work-Life-Balance will, der kann seine Position ändern, zum Beispiel *downsizen,* oder die Arbeitszeit reduzieren.

Jobfaktoren	Ein neuer Job muss her – Was will ich ändern?	
1. Branche	Ich will die Branche wechseln und zwar …	
	Ich will in meiner Branche bleiben	
2. Position	Ich will meine Position ändern (aufsteigen, *downsizen*)	
	Ich will die gleiche Position beibehalten	
3. Aufgaben	Ich will etwas anderes arbeiten und zwar …	
	Ich will das Gleiche arbeiten	
4. Arbeitsort	Ich will meinen Arbeitsort verändern und zwar …	
	Ich will meinen Arbeitsort beibehalten	
5. Arbeitszeit	Ich will anders arbeiten (flexibler, weniger, mehr)	
	Ich will gleich viel arbeiten	
6. Gehalt	Ich will mein Gehalt verändern (mehr, weniger)	
	Ich will gleich viel verdienen	

Bei jeder Veränderung in unserem Leben ist eines ganz wichtig zu beachten: Die Veränderungen, die wir uns wünschen, sind oft nur die sichtbare Oberfläche unserer Bedürfnisse. Wenn Sie sich beispielsweise eine Gehaltserhöhung wünschen, kann dahinter ein Bedürfnis nach mehr *Sicherheit* oder nach mehr *Anerkennung* oder *Gerechtigkeit* stehen. Wünschen Sie sich einen kürzeren Arbeitsweg und kürzere Arbeitszeiten, steht dahinter vielleicht das Bedürfnis nach weniger *Stress*. Wünschen Sie sich einen anderen Chef, andere

Kollegen oder Aufgaben, hängt das häufig mit einem Bedürfnis nach mehr *Wertschätzung*, *Anerkennung* und *Selbstbestimmung* zusammen. Und der Wunsch nach einem neuen Beruf oder einer ganz neuen Erwerbsmöglichkeit signalisiert oft ein Bedürfnis nach mehr *Sinnerfüllung* im Leben.

Welche Jobfaktoren wollen Sie ändern – und welche Bedürfnisse stecken dahinter? Nehmen Sie sich ein wenig Zeit, um darüber nachzudenken. Es lohnt sich – denn einzelne Jobfaktoren können Sie beeinflussen, Ihre Bedürfnisse aber können Sie nicht so leicht ändern.

Aufbruch in ein neues Leben

Ob 50, 55 oder darüber hinaus – wenn Sie trotz allem spüren, dass Sie die Sehnsucht nach einer großen Veränderung nicht loslässt, dann wird es Zeit aufzubrechen. Wer nie etwas Neues in seinem Leben versucht, bereut es oft später – und wenn nicht mit 50 plus, wann dann?

Haben Sie einen Traumjob im Kopf oder eine verrückte Erwerbsidee, mit der Sie sich selbstständig machen wollen? Viele schrecken davor zurück, groß zu denken. Dabei ist auch ein großer Schritt im Grunde nichts weiter als die Aneinanderreihung von kleinen Schritten. Zunächst ist es wichtig, dass Sie Ihr Ziel formulieren. Lassen Sie sich dabei von den folgenden fünf Fragen inspirieren.

Nehmen Sie sich ein wenig Zeit für Ihre Gedanken und notieren Sie Ihre Antworten dazu.

- Was ist mir wichtig?
- Wie will ich leben?
- Was gibt mir Kraft?

- Wofür brenne ich?
- Warum will ich arbeiten?

Besonders die fünfte Frage kommt Ihnen vielleicht komisch vor, aber Ihre Antwort darauf wird Sie in die Richtung lenken, in der Sie die passende Arbeit(-sstelle) oder Erwerbsidee für Ihre Lebenssituation finden. Wenn Sie in der Arbeitswelt 4.0 beispielsweise mit Leuten der Generation Y (das umfasst die Generation, die im Zeitraum zwischen etwa 1980 und 2000 geboren wurde) um einen finanziell und inhaltlich interessanten Vollzeitjob konkurrieren, müssen Ihre Fähigkeiten in Ihrem Arbeitsbereich *auf dem neuesten Stand* sein. Suchen Sie hingegen hauptsächlich eine Teilzeitarbeit, die Spaß macht, und einen netten Kollegenkreis, ist es gut möglich, Ihre Fähigkeiten auch in einen anderen Arbeitsbereich zu übertragen.

Ein Beispiel: Ein Controller arbeitet in einem mittelständischen, inhabergeführten Unternehmen. Der Mittelständler wurde vor einem Jahr von einem US-Konzern übernommen. Seither findet eine Fusion beider Unternehmen statt. Wie bei solchen *Mergers and Acquisitions* üblich kommt es zur Anpassung der Firmenwerte und der Firmenkultur, dem Austausch der Führungsebene und der Einführung neuer Prozesse und Anforderungen.

Im Bereich Controlling werden neue Rechnungslegungsgrundsätze nach US GAAP sowie neue Reportstandards nach IFRS eingeführt. Der Controller ist 59 Jahre alt und spürt, dass er sich mit der neuen Firmenphilosophie und den neuen fachlichen Anforderungen nicht arrangieren will oder kann. Ein Aufhebungsvertragsangebot kommt ihm da gerade recht. Ein bisschen gekränkt ist er zwar schon, dass nach 23 Jahren im Betrieb plötzlich alles vorbei sein soll, aber sieben Monate Freistellung bei vollem Gehalt und ein ganzes Jahresgehalt Abfindung – das will er nicht ausschlagen.

Seit vier Monaten ist er jetzt schon in der Freistellung und mittlerweile 60 Jahre alt geworden. Seine Jobsuche ist bislang erfolglos verlaufen. Am Anfang dachte er, ein Mann mit seiner Erfahrung findet schnell wieder eine vergleichbare Anstellung. Doch das hat sich nicht bestätigt. Bislang erhielt er nur Absagen. Er konkurriert mit sehr viel jüngeren Bewerbern um die attraktiven Jobs in den größeren Unternehmen. Alle haben einen Bachelor- oder Masterabschluss in Wirtschaft. Er hat keine Chance.

»Warum wollen Sie arbeiten?« – frage ich in der Karriereberatung. *»Finanziell haben Sie einigermaßen gut vorgesorgt. Nach mittlerweile fast 44 Jahren Berufsleben verfügen Sie über Rücklagen. Angefangen haben Sie mit 16 Jahren, gleich nach dem Realschulabschluss, mit einer Ausbildung zum Groß- und Außenhandelskaufmann. Lückenlos haben Sie danach gearbeitet. Jetzt fehlen Ihnen noch knapp zwölf Beitragsmonate zur abschlagsfreien Altersrente nach 45 Beitragsjahren. Drei Monate davon sind Sie noch in Freistellung. Dann endet Ihr Arbeitsverhältnis offiziell. Danach steht es Ihnen offen, entweder bis zu 24 Monate Arbeitslosengeld I in Höhe von 60 Prozent Ihres früheren Nettoeinkommens zu beziehen und mit 62 Jahren in die abschlagsfreie Altersrente zu gehen. Oder Sie zahlen noch neun Monate freiwillige Beträge in die Rentenkasse ein, machen damit die 45 Jahre voll und gehen mit 61 Jahren in die abschlagsfreie Altersrente.«*

Dem Controller wird klar, dass er durch seine Rücklagen und die abschlagsfreie Altersrente finanziell sicher dasteht. Ihm gelingt es, die eigentlichen Gründe für seine Unruhe und seinen Wunsch nach einem Job zu benennen: *»Ich bin gesund und fit, ich will unter Leute, ich schätze die zeitliche Struktur einer Arbeit und ich will mich selbst fordern.«* Das kann er aber auch in anderen Arbeitsbereichen mit anderen Aufgaben in anderen Branchen als bislang. Er muss nicht mit den viel jüngeren, besser qualifizierten Bewerbern um Jobs im Controlling kämpfen. Jetzt hat er die Freiheit, das, was er kann, und das, was er vielleicht schon immer einmal machen wollte, auszuprobieren.

Vielleicht kann er sein Sprachtalent in einem Teilzeitjob in der Touristeninformation der Gemeinde einsetzen, in der er seit 60 Jahren lebt und die er so gut kennt wie kein Zweiter. Oder einfach halbtags die Buchhaltung für einen kleinen Handwerksbetrieb übernehmen – ohne US-GAAP und IFRS. Während des Bezugs der abschlagsfreien Altersrente darf er hinzuverdienen. Es gelten die Regelungen des Hinzuverdienstes vor Erreichen der Regelaltersgrenze. Er informiert sich bei seinem Rentenversicherer, bei der Agentur für Arbeit, bei der Krankenkasse und er fragt auch noch einmal zur Sicherheit bei einem Fachanwalt für Arbeitsrecht nach. Dann stellt er einen Finanzplan auf. Aber vor allem hat er sich die Frage beantwortet, warum er eigentlich arbeiten will.

Überlegen Sie einmal, was Sie aus diesem Beispiel für sich mitnehmen können. Wo soll Ihre Reise hingehen? Können und wollen Sie es sich leisten, Teilzeit in einem ganz anderen Aufgabenfeld zu arbeiten – so wie unser Controller? Oder müssen und wollen Sie Vollzeit arbeiten, dabei aber gern ein wenig *downsizen*, also weniger Verantwortung tragen? Sind Sie bereit und voller Tatendrang, etwas Neues zu lernen, um damit in einem anderen Beruf noch einmal durchzustarten? Oder wollen Sie nur die Branche wechseln, vielleicht raus aus der freien Wirtschaft und stattdessen für eine Stiftung oder für einen Verband tätig werden, mit dessen Arbeitszweck Sie sich stärker identifizieren? Vielleicht wollen Sie auch Ihre Fähigkeiten und Ihr gesammeltes Know-how zukünftig in einer Selbstständigkeit einsetzen – Ihr eigener Chef sein?

Um eine Antwort auf die Frage zu finden, was Sie eigentlich wollen, helfen manchmal auch kleine praktische Übungen. Lassen Sie sich von den folgenden drei Gedankenexperimenten anregen: *Ihr 80. Geburtstag, Inspirierende Geschichten* und *Die Wunderfrage.*

Mein 80. Geburtstag – So will ich gelebt haben

Machen Sie es sich bequem. Atmen Sie einige Male tief durch und schließen Sie die Augen. Begeben Sie sich auf eine Zeitreise bis zu Ihrem 80. Geburtstag. Wo findet der Geburtstag statt? Mit wem möchten Sie diesen Tag verbringen? Welche Menschen, Aufgaben, Ziele sollen in Ihrem Leben bis dahin eine wichtige Rolle gespielt haben? Einer Ihrer Gäste erhebt sich und hält eine kleine Rede. Was soll er an diesem Tag über Sie sagen? Waren Sie besonders erfolgreich, mutig, hilfsbereit, lustig oder kreativ? Nun richten Sie einige Worte an Ihre Gäste. Was war Ihnen wichtig in Ihrem Leben? Gibt es etwas, das Sie bereuen? Dinge, die Sie nicht gemacht haben, oder Ziele die Sie nicht erreicht haben? Atmen Sie noch einmal tief durch und kommen Sie dann langsam zurück ins Heute. Wie möchten Sie Ihr Leben gelebt haben, so dass Sie an Ihrem 80. Geburtstag zufrieden zurückblicken können?

Geschichten, die mich inspirieren

Erzählen Sie Ihrem Partner oder Ihrer Partnerin, einer Freundin oder einem Freund eine (oder mehrere) Geschichten von Menschen, die Sie bewundern. Denken Sie an Berichte, die Sie im Fernsehen gesehen haben, im Internet verfolgen oder in Zeitschriften oder Büchern gelesen haben. Wofür bewundern Sie die Hauptperson der Geschichte? Was macht diese Person? Wie verhält sie sich und wie beschreiben Sie die Person? Ist die Person beruflich sehr erfolgreich oder hat sie es zu etwas gebracht? Lebt sie ein glückliches Familienleben oder ein aufregendes Abenteuerleben? Wirkt die Person zufrieden in einem einfachen Leben ohne viel Luxus? Bewundern Sie die Hingabe, mit der sich die Person einer Sache widmet, zum Beispiel dem ehrenamtlichen Engagement in der Flüchtlingshilfe? Was spricht Sie an der Hauptperson Ihrer Geschichte an?

Die Wunderfrage

Stellen Sie sich vor, dass Sie, nachdem Sie diese Zeilen gelesen haben, zu Bett gehen und schlafen. Und während Sie schlafen, passiert ein Wunder. Und die Situation, die Sie dazu geführt hat, dieses Buch zu kaufen, ist plötzlich aufgelöst, einfach so. Ihr Problem ist weg. All das passiert, während Sie schlafen, Sie erleben dieses Wunder nicht bewusst. Wenn Sie in der Früh aufwachen, woran würden Sie bemerken, dass dieses Wunder tatsächlich geschehen ist? Was wäre anders?

Wie konkret können Sie Ihre Vorstellungen von Ihrer beruflichen Zukunft jetzt schon fassen? Welche Bedürfnisse wollen Sie mit Ihrem nächsten beruflichen Schritt befriedigen? Welche Notwendigkeiten müssen Sie dabei berücksichtigen? Brauchen Sie einen neuen Vollzeitjob, weil Ihnen das Gehalt wichtig und der Status angenehm sind? Kommt für Sie ein alternatives Lebens- und Einkommensmodell in Frage, weg von einem Normalarbeitsverhältnis, so wie bei unserem Controller? Wollen Sie noch einmal aufbrechen, neu starten und vielleicht einen anderen Beruf erlernen oder etwas auf die Füße stellen und in die Selbstständigkeit gehen? Notieren Sie einmal, welche Ideen für Sie wertvoll sind.

Eine Selbstständigkeit aufzubauen oder noch einmal einen neuen Beruf zu erlernen ist auch mit 50 plus möglich. Es gibt zahlreiche Beispiele von Menschen, die diesen Weg erfolgreich gegangen sind: beispielsweise der Verwaltungsangestellte, der nebenberuflich BWL studiert hat und mit 51 Jahren – die Kinder sind mittlerweile aus dem Haus – im Wunschberuf des Personalreferenten durchstartet und sich etabliert. Oder die Sachbearbeiterin aus dem Kundenservice, die mit 54 Jahren ihr Hobby zum Beruf macht, Schmuckstücke aus Edelmetallen und Halbedelsteinen herstellt und auf Kunstmärkten verkauft.

Für eine Kurskorrektur von diesem Ausmaß brauchen Sie zwei Dinge: erstens einen guten Finanzplan und zweitens einen guten Umsetzungsplan. Eine größere Kurskorrektur verlangt mehr Einsatz und mehr Energie als eine kleinere. Holen Sie sich dafür genug Know-how und Unterstützung aus der Literatur (vgl. *Literatur*). Recherchieren Sie nach geeigneten Beratern, die sich darauf spezialisiert haben, Existenzgründer oder generell Karrieregestalter 50 plus erfolgreich zu machen (vgl. Kapitel *Plan B*). Beflügeln Sie sich selbst, indem Sie Erfolgsgeschichten von Menschen über 50 lesen, die Ihren Traum verwirklicht haben. Wägen Sie Chancen und Risiken ab und dann starten Sie durch – in Ihr neues Leben.

Um Ihre Vorstellungen davon zu konkretisieren, wie es in der Arbeitswelt 4.0 aktuell aussieht und welche Möglichkeiten und Chancen Sie darin überhaupt haben, finden Sie im nächsten Abschnitt weitere nützliche Informationen.

ARBEITSWELT 4.0

Rund zwei Millionen offene Stellen auf dem Arbeitsmarkt. Eine Million Erwerbsideen in der digitalen Welt. Und Sie sind im besten Alter – flexibel, weil die Kinder soweit flügge sind, finanziell abgesichert, weil Sie ein wenig Geld zur Seite gelegt haben, und gesund. Gute Voraussetzungen also, um beruflich noch einmal durchzustarten – gleichgültig, ob freiwillig oder nicht. Aber kennen Sie auch Ihre Möglichkeiten und Chancen in der Arbeitswelt 4.0 – und die Risiken? Was wissen Sie über den demografischen Wandel und die Digitalisierung? Und was sagen Ihnen die Begriffe VUCA-Welt und Agilität?

Demografie und Digitalisierung

Die gute Nachricht ist: Die verarbeitende Industrie sucht händeringend nach Fachkräften. Im Baugewerbe stehen viele Maschinen still, weil Mitarbeiter fehlen. Und im Dienstleistungssektor entstehen immer neue Jobs, für die es bislang oft noch gar keine Berufsausbildung gibt. Aktuell sind bei der Agentur für Arbeit mehr als eine Million offene Stellen gemeldet. Fast noch einmal so viele Stellen existieren auf dem verdeckten Arbeitsmarkt – Stellen also, die ohne eine öffentliche Ausschreibung besetzt werden. Macht zusammen rund zwei Millionen Arbeitschancen. Auslöser dafür: der demografische Wandel.

Keine Generation ist heute in Deutschland so präsent wie die der 50- bis 65-Jährigen. Nimmt man alle Menschen dieser Altersgruppe zusammen, macht das im laufenden Jahr rund 19 Millionen Männer und Frauen im erwerbsfähigen Alter 50 plus (www.destatis.de). Davon gehen immer mehr in den (Vor-)Ruhestand. Und es kommen nicht genug junge Menschen nach, um die vorhandene Arbeit in den Büros und Werkhallen zu leisten.

Doch warum finden dann so viele über 50-Jährige, die eine Arbeit suchen, keinen neuen Job?

Eine Antwort lautet: Die Qualifikation vieler Fünfziger hat in den vergangenen Jahren mit dem rasanten digitalen Fortschritt einfach nicht mitgehalten. Immer mehr einfache Tätigkeiten verschwinden ins Ausland oder in die digitale Welt. Immer mehr hochqualifizierte Jobs mit immer höherem IT-Anteil entstehen. Es klafft eine qualifikatorische Lücke auf dem Arbeitsmarkt.

Als Sie Ihre berufliche Laufbahn gestartet haben, kurz nach dem Abschluss Ihrer Ausbildung oder Ihres Studiums, waren Sie eine gut ausgebildete Fachkraft. Aber seien Sie ehrlich. Wie ist das heute? Wie aktuell ist Ihr früher erworbenes theoretisches und praktisches Wissen noch?

Wann haben Sie Ihre letzte Fortbildung besucht? Einen Englischkurs, den Workshop in Excel, SAP oder Maschinensteuerung SPS? Weiterbildungen zu Themen wie Industrie 4.0, Smart Factory, Internet der Dinge, App-Entwicklung, E-Commerce, Influencer Management und mehr. Wie hoch sind Ihre Bereitschaft und Ihre Fähigkeit, das Tempo mitzuhalten? Die schnellen technologischen Entwicklungen führen dazu, dass wir nur mit ständiger Weiterbildung in einem Fachbereich genug qualifiziert bleiben. Wer dies vernachlässigt, ist fachlich schnell nicht mehr ganz auf der Höhe. In manchen Bereichen ist es sogar unmöglich, mit den *digital natives* mitzuhalten und deshalb auch überhaupt nicht sinnvoll, mit den Jungen Wilden konkurrieren zu wollen. Den 23-jährigen IT-Bachelor, der seit seinem elften Lebensjahr am Rechner sitzt und programmiert, holt kein Fünfziger mehr ein.

Wir Fünfziger haben andere Qualitäten. Unsere zehn Stärken 50 plus sind unsere Bereitschaft, Verantwortung zu übernehmen, unsere Disziplin und unser Durchhaltevermögen, die erworbenen Branchen-, Fach- und Spezialkenntnisse oder unsere langjährig gepflegten Netzwerke. Auch unsere Verbindlichkeit und unsere Umgangsformen werden von Arbeitgebern geschätzt, unsere Lebenserfahrung, in manchen Branchen unsere Seniorität – und nicht zuletzt, dass wir unsere Familienplanung (meist) abgeschlossen haben und deshalb längerfristig planbar sind.

Eine weitere Antwort auf die Frage, warum es für über 50-Jährige schwer ist, trotz Fachkräftemangel einen neuen Job zu finden, lautet: Für viele Aufgaben, die in der digitalen Welt neu entstehen, gibt es heute (noch) keine Berufsausbildung. Viele Firmen wissen nicht, wonach sie eigentlich suchen, um Stellen zu besetzen, die sie noch nicht einmal präzise beschreiben können. Das Ganze nennt man VUCA-Welt.

> **VUCA** ist ein Akronym für die englischen Begriffe *volatility, uncertainty, complexity* und *ambiguity* (deutsch: Volatilität = Unbeständigkeit/Flüchtigkeit, Unsicherheit, Komplexität und Mehrdeutigkeit). Ursprünglich ist der Begriff *VUCA* ein militärischer Begriff, der zum ersten Mal in den 1990er Jahren vom U.S. Army War College verwendet wurde.

Mittlerweile suchen viele kleine und große Unternehmen nicht mehr den klassischen Marketingmitarbeiter. Gesucht werden zum Beispiel *Market Access Manager, Social Media Manager* oder *Influencer Solutions Manager.* Überlegen Sie einmal, welche Qualifikationen oder Weiterbildungen, welche Fähigkeiten und Kenntnisse ein geeigneter Bewerber dafür mitbringen muss? Schauen Sie sich beispielshaft das nachfolgende Stellenangebot an.

Wer vor über 20 Jahren ein Studium in der Druck- und Medientechnik im Printbereich abgeschlossen oder eine Ausbildung im Marketing absolviert hat, ist wohl kaum in der Lage, so eine Stelle auszufüllen. Und das ist weniger in Unwilligkeit oder mangelndem Einsatz begründet, sondern vielmehr dem Umstand geschuldet, dass sich die Anforderungen in der Medienlandschaft grundlegend verändert haben.

Influencer Solutions Manager (m/w)

ab sofort // zunächst auf 2 Jahre befristet // Vollzeit (40h) // Hamburg

Dabei kannst Du uns unterstützen:

- Du erstellst kreative Konzepte für Social-Influencer-Kampagnen
- Du unterstützt und berätst Deine Kollegen aus dem Außendienst – und bei Bedarf direkt unsere Kunden und Agenturen
- Du koordinierst die Umsetzung der Influencer-Kooperationen und stellst das Reporting der Kampagne sicher
- Du übernimmst weitere verkaufsunterstützende Tätigkeiten im Team
- Du bringst Deine Leidenschaft und Ideen in die Entwicklung innovativer Produkte im Bereich Influencer Marketing sowie in der Vernetzung mit digitalem Native Advertising ein

Das bringst Du mit:

- Du hast einschlägige Erfahrung im Bereich Word-of-Mouth-, Social-Media- oder Influencer Marketing
- Du bringst digitale Vermarktungserfahrung inklusive Kundenkontakt und verkäuferisches Talent mit
- Du verfügst über ausgeprägte Digitalkompetenz und unternehmerischen Gestaltungswillen sowie sehr gute Englischkenntnisse
- Du hast Lust auf die kreative Entwicklung innovativer Social-Media-Konzepte

Damit überzeugen wir Dich:

- Mitwirkung im Zukunftsbereich der digitalen Vermarktung in einem der größten deutschen Medienunternehmen
- Eine offene Unternehmenskultur mit viel Gestaltungsspielraum für eigene Ideen und interessanten Entwicklungsperspektiven
- Ein professionelles Arbeitsumfeld und ein hoch motiviertes Team mit viel Spaß bei der Arbeit und einem ausgeprägten Teamspirit
- Wir bieten vielfältige Weiterbildungs-, Förder- und Coaching-Programme

Wo haben Sie in Ihrem Beruf und in Ihrer Arbeit Berührungspunkte zu digitalen Entwicklungen? Und wie gehen Sie damit um?

In vielen Arbeitsbereichen müssen wir Fünfziger dazu bereit sein, einen Schritt zu tun, der einen Bruch mit unserer bisherigen Tätigkeit darstellt. Um neue Einsatzfelder für unsere Stärken zu finden, brauchen wir Mut und Wissen über die digitale Welt.

Willkommen in der VUCA-Welt

Alle reden davon, aber was bedeutet Digitalisierung eigentlich konkret? Ist Digitalisierung, wenn Ihr Chip-Armband im Fitnessstudio die Geräte automatisch auf Ihren Körper einstellt, sobald Sie sich draufsetzen? Oder erst, wenn Sie sich von der Firma *I am ROBOT* (www.iamrobot.de) einen NFC-Chip zwischen Daumen und Zeigefinger implantieren und Sie damit Türen wie von Zauberhand öffnen, nie mehr eine Fahrkarte für den öffentlichen Nahverkehr lösen müssen und im medizinischen Notfall sofort richtig behandelt werden können?

NFC ist die Abkürzung für *Near Field Communication* (Nahfeldkommunikation). Darunter versteht man einen auf der RFID-Technik basierenden internationalen Übertragungsstandard zum kontaktlosen Austausch von Daten per elektromagnetischer Induktion mittels loser gekoppelter Spulen über kurze Strecken von wenigen Zentimetern und einer Datenübertragungsrate von maximal 424 kBit/s.

Ist Digitalisierung, wenn Ihr Auto autonom bemerkt, sobald ein Verschleißteil ausgetauscht werden muss, diese Nachricht an Ihre Werkstatt sendet und sofort ein Terminvorschlag auf Ihrem Smartphone erscheint? Oder wenn Ihr Kühlschrank merkt, dass das Bier alle ist, den Einkaufsservice benachrichtigt und der für Nachschub sorgt?

Eins ist klar: Digitalisierung ist nicht unbedingt gut oder schlecht, sondern vor allem das, was wir daraus machen! So wie der erste mechanische Webstuhl im späten 18. Jahrhundert die industrielle Revolution eingeleitet hat und damit die Arbeitswelt veränderte, so verändert heute die Digitalisierung unsere Gesellschaft und damit auch den Bedarf an Arbeitskräften. Die Zeit lässt sich weder aufhalten noch zurückdrehen, und das wäre für die meisten Menschen auch gar nicht wünschenswert. Ich kenne niemanden, der heute gerne auf WhatsApp und E-Mails verzichten würde, um die Arbeitsplätze der Postboten zu erhalten.

Aber die Digitalisierung verändert die Welt sehr viel schneller als alles bisher Dagewesene – schneller als die Entwicklung des mechanischen Webstuhls, der Dampfmaschine, der Eisenbahn oder des Fließbands zusammen. Anders als bislang in der Geschichte haben wir Arbeitskräfte nicht mehr so viel Zeit zur Verfügung, um uns persönlich und qualifikatorisch anzupassen. Wir sind gefordert, uns schneller zu bewegen, länger zu lernen, ideenreicher mit sich ständig verändernden komplexen Situationen klarzukommen, mit Unsicherheit und mit Mehrdeutigkeit konstruktiv umzugehen.

Der Schlüssel zur VUCA-Welt ist Agilität, die Fähigkeit, in Zeiten des Wandels flexibel, proaktiv, antizipativ und initiativ zu agieren. Der Schlüssel für Ihre erfolgreiche berufliche Neuorientierung heißt: Die Veränderung annehmen und aktiv damit umgehen. Prüfen Sie Ihre Einstellung zur schönen neuen VUCA-Welt. Wie aufgeschlossen und veränderungsbereit sind Sie? Denken Sie an Michael, der 1985 mit seinen damals 52 Jahren *den Computer lernen wollte.*

Nehmen Sie sich einen Moment Zeit und beantworten Sie sich die drei folgenden Fragen.

- Glauben Sie, dass die Digitalisierung unser Leben verbessert?
- Wovor fürchten Sie sich in der digitalen Welt am meisten?
- Welche Chancen sehen Sie für sich selbst in der VUCA-Welt?

Wie haben Sie geantwortet? Überlegen Sie einmal: In der Vergangenheit haben fast alle technologischen Revolutionen das Leben verbessert. Auch die Digitalisierung macht unser Leben besser. Keine Technologie setzt sich durch, wenn das Leben dadurch schlechter wird. Heute ist die Massenarmut auf dem niedrigsten Stand in der Geschichte der Menschheit, die Lebenserwartung dafür auf dem höchsten. Alle leben besser und länger als jemals zuvor. Wir haben hygienische Toiletten, Strom und medizinische Versorgung. Die neuen Technologien und neuen Erwerbsmodelle, die sich durchsetzen, führen dazu, dass viele Dinge im alltäglichen Leben erschwinglicher und erreichbarer und dadurch besser werden.

Das gilt auch für unser Berufsleben. Die Zugangsvoraussetzungen zu interessanten Jobs verändern sich – sie werden durchlässiger. Die Arbeitsbedingungen verändern sich – sie werden flexibler. Die Sinnhaftigkeit von Arbeit verändert sich – wir können selbstbestimmter arbeiten und mehr von dem verwirklichen, was uns wichtig ist.

Sinnhaftigkeit von Arbeit verändert sich: Viele repetitive Arbeiten werden weniger. Angestellte, die jeden Tag die immer gleiche Aufgabe ausüben müssen – beispielsweise Daten in einen Computer eingeben –, gibt es immer weniger. Kreativität und Querdenken sind gefragt. Die Arbeit kann dadurch als sinnhafter empfunden werden.

Arbeitsbedingungen verändern sich: Viele von uns können heute schon orts- und zeitunabhängig arbeiten. Das Normalarbeitsverhältnis kann durch neue Beschäftigungsmodelle ersetzt werden, die eine freiere Gestaltung von Wochen-, Jahres- und Lebensarbeitszeit ermöglichen. Flexible Arbeitsstrukturen und neue Technologien ermöglichen flache Hierarchien. Mehr Selbstbestimmung wird möglich.

Zugangsvoraussetzungen verändern sich: In manchen Arbeitsbereichen entscheiden heute schon Talente und Fähigkeiten, wie zum Beispiel kritisches Denkvermögen, Kommunikationsgeschick und gutes Selbstmanagement, mehr über das berufliche Fortkommen als formale Ausbildungs- oder Studienabschlüsse. Immer häufiger lesen Sie in Stellenanzeigen unter Anforderungen: »*... oder vergleichbare Qualifikationen/Voraussetzungen*«. Wer über die am Markt gesuchten Fähigkeiten verfügt und sich eine Aufgabe zutraut, der kann sich bewerben und hat Chancen auf den Job – auch ohne formalen Abschluss.

Die Arbeitswelt und unser Berufsleben verändern sich durch digitale Technologien rasant. Um damit Schritt zu halten, sind wir gefordert, immer wieder zu antizipieren, wohin die Entwicklung in unserem Berufsfeld gehen wird, und uns durch entsprechende Weiterbildungen auf dem neuesten Stand zu halten. Nur so können wir zu unserem eigenen Karrieregestalter werden und neue Chancen erkennen und nutzen.

Chancen erkennen

In einer Welt, in der alles in Bewegung und nichts mehr sicher scheint, in der die Veränderung das Einzige ist, was Bestand hat, in so einer Welt ist eine Erkenntnis ganz wichtig:

Es wird nichts so heiß gegessen, wie es gekocht wird.

Natürlich fallen durch die digitale Revolution viele Jobs weg. Das ist Realität. Manche Studien sprechen von bis zu 50 Prozent aller Jobs, die es in den nächsten 20 Jahren nicht mehr geben wird (Quelle: Oxfordstudie 2013). Aber die Automatisierbarkeit und Digitalisierbarkeit von Arbeit ist endlich. Wer auf die richtige Karrierestrategie und auf seine Stärken 50 plus setzt, kann auch im digitalen Wandel zu den Gewinnern gehören. Es gibt zukunftssichere Jobs und Sie finden diese Jobs vor allem in diesen vier Bereichen:

1. Hoch bezahlte manuelle Tätigkeiten, die so komplex sind, dass sie von Robotern nicht oder nur sehr teuer ausgeführt werden können. Zum Beispiel die Arbeit eines Uhrmachers, eines Orthopädiemechanikers oder eines Zahnarztes, die eine Kombination aus handwerklichem Geschick und umfangreichem Erfahrungswissen erfordert.

2. Kreative Berufe, die Neues hervorbringen. Dazu sind Computer und Roboter (noch) nicht fähig. Zum Beispiel Aufgaben im Bereich der Forschung und Entwicklung. Die Arbeit von Werbetextern und Grafikern. Oder das künstlerische Schaffen von Schriftstellern, die einen Roman schreiben. Alle diese Tätigkeiten erfordern eine Kombination aus Fachwissen und Kreativität.

3. Berufe, in denen Menschen einen emotionalen Mehrwert für andere Menschen schaffen. Das betrifft alle Gesundheits- und Pflegeberufe, aber auch viele Führungsaufgaben. Teams werden von realen (guten) Chefs besser motiviert und effektiver auf ein gemeinsames Ziel eingeschworen. Patienten wollen sich mit ihren Gesundheitsproblemen an reale Menschen richten. Und auch viele Fitnessstudiobesucher wünschen sich – zumindest ab und an – einen Trainer aus Fleisch und Blut, der ein wenig menschliche Wärme und Motivation ausstrahlt. Diese Berufe erfordern eine Kombination aus Empathie, sozialen Fähigkeiten, Fach- und Erfahrungswissen.

4. Niedrig bezahlte Serviceberufe, die Menschen noch lange billiger als Roboter ausführen können. Zum Beispiel die Arbeit von Servicekräften in der Gastronomie: Tische eindecken, Gäste im Blick behalten, Bestellungen aufnehmen, volle Teller sicher durch den Raum jonglieren und dabei freundlich sein. Das ist für einen Menschen keine große Sache. Für einen Roboter schon.

Zu den vier Bereichen zählen viele Wachstumsbranchen, in denen bereits heute und auch zukünftig Fachkräfte, Spezialisten und Experten gesucht werden. Überlegen Sie einmal, welche Tätigkeiten in welchen Branchen auch morgen noch von Menschen ausgeführt werden. Das Institut der deutschen Wirtschaft in Köln (2018) erforscht die Zukunft der Arbeit und gibt Orientierungshilfe:

- **Gesundheitswesen und Pflege:** Ärzte, Zahnärzte, Gesundheits-, Kranken- und Altenpfleger, Geburtshelfer, Therapeuten (Psychotherapie, Physiotherapie), Mitarbeiter im Rettungsdienst
- **Medizintechnik:** Hörgeräteakustiker, Medizin-, Orthopädie- und Rehatechniker

- **Bildung und Erziehung:** Kita-Erzieher, Lehrer, Sozialarbeiter, Sozialpädagogen
- **Baugewerbe:** Bauingenieure, Verkehrswege- und -anlagenplaner, Straßen- und Asphaltbauer, Bauelektriker, Sanitär-, Heizungs-, Klimatechniker, Baumaschinentechniker, Betriebstechniker, Kältetechniker
- **Handwerk:** Generell zahlreiche Handwerksberufe, vom Elektriker bis zum Sanitärfachmann, vom Maurer bis zum Stuckateur.
- **Verarbeitende Industrie:** Softwareingenieure, Robotikexperten, Mechatroniker, Automatisierungstechniker
- **Ver- und Entsorgung:** Ingenieure, Disponenten, Fahrer, ungelernte Hilfskräfte
- **Transport und Logistik:** Mitarbeiter im Luft-, Schiffs-, Schienen- und Straßenverkehr
- **Branchenübergreifend:** IT-Experten, IT-Sicherheitstechniker, Informatiker, Führungskräfte, Servicekräfte wie Kundenberater – und ungelernte Hilfskräfte für niedrig bezahlte Jobs, die Menschen noch immer günstiger als Roboter ausführen können.

Sobald für Sie klar ist, dass Sie nach einer Anstellung bei einem neuen Arbeitgeber suchen – Sie sich also weder selbstständig machen wollen und auch nicht noch einmal studieren oder sich zur Ruhe setzen werden –, brauchen Sie ein möglichst präzise definiertes Jobziel.

IHR JOBZIEL

Haben Sie bereits nach einem neuen Job *gegoogelt*? Wonach haben Sie gesucht? In welcher Region? Welche Suchbegriffe haben Sie bei den Onlinejobbörsen – zum Beispiel bei www.indeed.de oder bei www.kimeta.de – eingegeben? Haben Sie sich vielleicht auch schon auf Stellenanzeigen beworben, aber bislang ohne Erfolg? Das kann daran liegen, dass Sie Ihr Jobziel noch nicht präzise genug definiert haben und Sie sich deshalb noch nicht gezielt genug bewerben. Viele

Fünfziger bewerben sich auf ihrer Suche nach einem neuen Job bei zu vielen Unternehmen, bei denen Sie von vorneherein keine Chancen haben. Machen Sie das anders. Bewerben Sie sich bei den Firmen, die das suchen, was Sie zu bieten haben und auch tun wollen.

Die sechs Jobfaktoren

Die gewünschte große Veränderung – ein Wechsel der Branche, der Position oder der Aufgaben, aber auch eine kleinere Veränderung der Arbeitszeit, des Arbeitsorts oder des Gehalts – werden von Unternehmen oft kritischer gesehen, als sich das Jobsucher 50 plus vorstellen. Nachdem Sie die gewünschte Veränderung im Job bereits auf die dahinterliegenden Bedürfnisse geprüft haben, können Sie Ihr neues Jobziel jetzt einmal daraufhin untersuchen, was ein möglicher Arbeitgeber von Ihren Vorstellungen hält. Schauen Sie sich dazu einmal systematisch die folgenden sechs Jobfaktoren an.

1. Branchenwechsel

Ein Wechsel von einem profitorientierten Unternehmen zu einem gemeinnützigen Arbeitgeber ist beispielsweise leichter möglich als umgekehrt. Der Wechsel von einem großen Unternehmen (Unternehmen > 500 Mitarbeiter und Konzerne) zu einem kleineren Unternehmen (Mittelständler < 500 Mitarbeiter und Kleinunternehmen < 20 Mitarbeiter) ist einfacher realisierbar als andersherum. Ein Branchenwechsel ist also nicht in allen Fällen einfach. Die Pharmabranche zum Beispiel, aber auch die Automobilindustrie gelten als geschlossene Branchen. Wenn Sie in Ihrem Berufsleben hier bislang noch keine spezifische Branchenerfahrung sammeln konnten, also keinen »Stallgeruch« mitbringen, kommen Sie mit 50 plus in diese Branchen nicht mehr hinein – gleichgültig, welche Qualifikationen und Arbeitserfahrungen Sie vorweisen. Ein Branchenwechsel ist in der Regel stark an Ihre bisherigen Branchenerfahrungen oder an eine nachweisbar hohe Affinität zur neuen Zielbranche gebunden. Ein Quereinstieg ist erfahrungsgemäß mit Gehaltsverlust verbunden.

2. Positionswechsel

Ein Positionswechsel ist ebenso nicht in allen Fällen einfach. Wollen Sie beispielsweise *downsizen*, also von einer leitenden Position wieder auf die Mitarbeiterebene zurück, brauchen Sie eine gute Erklärung dafür, warum Sie das wollen. Und Sie müssen überzeugend argumentieren, dass Sie mit 50 plus immer noch engagiert, arbeitswillig und arbeitsfähig sind. Wollen Sie im letzten Drittel Ihrer Berufslaufbahn hingegen noch einmal aufsteigen und Personalverantwortung übernehmen, ohne bislang je disziplinarisch geführt zu haben, müssen Sie ebenfalls gut begründen, warum Sie gerade jetzt eine Führungsposition übernehmen wollen und was Sie dazu befähigt. Ein Positionswechsel ist stark an Ihre Persönlichkeit und an Ihre Fähigkeiten gebunden – und auch hier ist ein Quereinstieg oft mit Gehaltsverlust verbunden.

3. Aufgabenwechsel

Wollen Sie Ihr Aufgabengebiet wechseln, zum Beispiel raus aus einer kaufmännischen Tätigkeit im Vertrieb und rein in eine Tätigkeit im Einkauf, brauchen Sie nachweisbare Fähigkeiten für den neuen Aufgabenbereich. Vielleicht haben Sie in Ihrer beruflichen Laufbahn früher schon einmal im Einkauf gearbeitet. Oder Sie haben nebenberuflich an der IHK einen Zertifikatslehrgang im Bereich Einkauf und Materialwirtschaft besucht und abgeschlossen. Dann stehen Ihre Chancen besser. Auch wenn Sie aus dem kaufmännischen in ein soziales Aufgabenfeld wollen, zukünftig vielleicht lieber Menschen beraten anstatt Rechnungen buchen wollen, brauchen Sie die geeigneten Fähigkeiten und persönlichen Eigenschaften dazu. Der Wechsel der Aufgaben ist dann einfach, wenn Sie möglichst viele Ihrer Fähigkeiten in den neuen Aufgabenbereich übertragen können und wenn Ihre persönlichen Stärken zu den neuen Aufgaben passen. Aufgaben sind immer an Ihre Fähigkeiten und an Ihre Persönlichkeit gebunden. Wie bei einem Branchen- oder Positionswechsel ist auch hier ein Quereinstieg häufig mit Gehaltsverlust verbunden.

4. Arbeitszeitveränderung

Die Arbeitszeit zu verändern ist aus Sicht der Unternehmen relativ einfach möglich. Egal, ob Sie flexibler arbeiten wollen, ob Sie von Voll- auf Teilzeit reduzieren oder umgekehrt von Teil- auf Vollzeit aufstocken wollen: Wenn es die betrieblichen Erfordernisse ermöglichen, müssen Sie recht wenig argumentieren, um das zu realisieren. Allerdings existieren in verschiedenen Branchen, unterschiedlichen Positionen und bei verschiedenen Aufgaben jeweils andere betriebliche arbeitszeitliche Notwendigkeiten. In Führungspositionen ist es nach wie vor oft schwierig, in Teilzeit (oder in Telearbeit im Homeoffice) zu arbeiten. Auch im Einzelhandel sind flexible Arbeitszeiten (Gleitzeit) und Homeoffice eher schwer umsetzbar. Die Arbeitszeit ist stark an die Branche, die Position und an die Aufgaben gebunden.

5. Arbeitsortveränderung

Welche Branchen und welche Unternehmen gibt es in der Region, in der Sie nach einem neuen Job suchen? Sind Sie bereit, umzuziehen oder zu pendeln? Wie groß ist Ihr Mobilitätsradius um Ihren Wohnort? Eine uneingeschränkte Mobilität ist nicht unbedingt von Vorteil. Wenn Sie sich zum Beispiel aus Norddeutschland bei einem Unternehmen im Schwarzwald bewerben, ohne jemals im

Süden gelebt und sich vielleicht schon einen Freundeskreis aufgebaut zu haben, ist die Gefahr groß, dass Sie sich vor Ort nicht wohlfühlen und alsbald zurück in die norddeutsche Heimat gehen wollen. Das vermuten zumindest die Personaler, die damit oft schlechte Erfahrungen gesammelt haben, und laden Sie nicht zum Interview ein. Der Arbeitsort ist mit 50 plus – anders als mit 25 oder 30 Jahren – stärker an Ihre soziale Verortung gebunden. Das ist ein Spannungsfeld, denn wenn es an Ihrem Heimatort keine entsprechenden Zielunternehmen in Ihren Zielbranchen gibt, bei denen Sie sich für die Position und die Aufgaben bewerben können, die Sie wollen, dann brauchen Sie gute Argumente für Ihren geplanten Ortswechsel.

6. Gehaltsveränderung

Der Wunsch nach mehr Gehalt und oftmals schon der Wunsch nach gleich viel Gehalt wie im letzten Job ist gar nicht so einfach zu realisieren. Selbst wenn Sie bereit sind, viel weniger Gehalt zu akzeptieren, befinden Sie sich – wie beim Arbeitsort – häufig in einer Zwickmühle. Wollen Sie mehr Geld, fragt der Arbeitgeber, welchen besonderen Nutzen Sie dafür bieten. Wollen Sie gleich viel Geld wie im letzten Job, aber die Konkurrenzbewerber arbeiten auch zu einem geringeren Gehalt, müssen Sie ebenso schlüssig argumentieren, was Sie dafür mehr mitbringen als die anderen. Akzeptieren Sie ein niedrigeres Gehalt, machen Sie sich gleich verdächtig, dass Sie nicht mehr motiviert und leistungsbereit sind. Am lieben Geld scheitern leider viele Veränderungswünsche von über 50-Jährigen. Deshalb widme ich dem Thema viel Raum im Kapitel 5 *Ihr Masterplan 50 plus*.

Die sechs Jobfaktoren beeinflussen sich gegenseitig. Die Veränderung eines Faktors hat oft Auswirkungen auf mehrere andere Faktoren. Vielleicht besteht die Möglichkeit, in ein anderes Aufgabenfeld zu wechseln, also quereinzusteigen. Da Sie jedoch über eine längere Zeit eingearbeitet werden müssen und nicht von Anfang an produktiv arbeiten können, beträgt das Gehaltsangebot monatlich 900 Euro brutto weniger. Können und wollen Sie sich das leisten? Oder der Einstieg in eine neue Branche würde klappen, aber der Arbeitsweg verlängert sich dadurch deutlich um eine Stunde und zehn Minuten am Tag. Sind Sie dafür bereit? Wenn Sie ein *Downsizing* realisieren können, also aus einer Leitungsposition wieder in eine Mitarbeiterfunktion wechseln, bedeutet das auf jeden Fall weniger Gehalt und vielleicht auch weniger selbstbestimmtes Arbeiten, denn da gibt es jetzt einen Chef vor Ihnen. Wollen und können Sie damit umgehen?

Erinnern Sie sich noch einmal an die wichtige Erkenntnis, dass jeder Veränderungswunsch und damit jedes Jobziel, das Sie sich setzen, nur die sichtbare Oberfläche Ihrer Bedürfnisse ist. Prüfen Sie deshalb immer auch, inwieweit Ihr neues Jobziel mit den sechs Jobfaktoren zu Ihren Bedürfnissen passt.

Definieren Sie Ihr Ziel

Fassen Sie zusammen, was Ihnen im Job wichtig ist und welche der sechs Jobfaktoren Sie unbedingt verändern wollen, um wieder zufriedener mit Ihrer Arbeit und im Leben zu werden. Definieren Sie Ihr neues Jobziel.

Branche(-n): ______________________________

Position(-en): ______________________________

Aufgaben: ______________________________

Arbeitsort(-e): ______________________________

Arbeitszeit(-model): ______________________________

Gehaltsrahmen: ______________________________

Damit Sie sich bei potenziellen Arbeitgebern bewerben und Ihr Jobziel erfolgreich umsetzen können, brauchen Sie eine klare Vorstellung davon, was Sie zu bieten haben. Wissen Sie eigentlich, was Sie können?

IHR JOBPOTENZIAL

Sie haben einiges zu bieten – nach mehr als 20, 30 Jahren im Beruf. Aber wissen Sie auch, was das genau ist? Und vor allem, was davon Sie in der Arbeitswelt 4.0 noch gebrauchen können? Selbst wenn Sie bei Ihrem Jobziel in der Zukunft gar nicht so viel verändern wollen, will ein neuer Arbeitgeber eines von Ihnen ganz genau wissen: Was können Sie?

Ich darf Klartext reden, oder? Die Halbwertszeit von Wissen sinkt immer schneller. Innerhalb eines bestimmten Zeitraums ist Ihr theoretisches und praktisches Know-how nur noch zu 50 Prozent aktuell. Das Schulwissen veraltet nach 20 Jahren, Hochschulwissen nach zehn Jahren, berufliches Wissen nach fünf Jahren, technisches Wissen nach drei Jahren und EDV-Wissen sogar nach weniger als einem Jahr – das zeigt nicht nur die Praxis, das belegen auch wissenschaftliche Studien. Erfahrungen aus der Vergangenheit interessieren Arbeitgeber weniger als Lösungen für die Zukunft.

»Soll denn alles, was ich in den letzten 20 Jahren gemacht habe, nichts mehr wert sein?«, fragen mich meine Klienten über 50 in der Karriereberatung oft enttäuscht. Und ich antworte *»Nutzen Sie heute noch Ihren Walkman von 1985, nur weil er damals aktuell war?«* Heute geht es viel weniger um das, was Sie vor Jahrzehnten einmal gelernt, oder das, was Sie Jahrzehnte lang gemacht haben. Heute zählen Ihre persönlichen Eigenschaften und Ihre übertragbaren Fähigkeiten – also die Fähigkeiten, die nicht an einen bestimmten Job oder an eine bestimmte Aufgabe gebunden sind. Denn durch die rasante technologische Entwicklung verändern

sich ganze Aufgabenfelder und sogar manche Berufsbilder radikal und immer schneller. Ihr Walkman aus den 1980er Jahren ist veraltet, Ihr Geschick im Umgang mit technischen Geräten aber nicht. Damit konnten Sie damals den Walkman bedienen, aktuell einen MP4-Player und morgen die Technik, die es heute noch gar nicht gibt. Das nennt man übertragbare Fähigkeiten. Welche davon schlummern in Ihnen?

Übertragbare Fähigkeiten

Andrea, Bankkauffrau, 51 Jahre, kommt zu mir in die Beratung. Sie hat einen für 50-Jährige, die in der Versicherungs- oder Bankenbranche arbeiten, typischen Lebenslauf: Realschulabschluss 1984. IHK-Abschluss zur Bankkauffrau 1987. 30 Jahre in der Bankfiliale am Schalter. Währenddessen einige Weiterbildungen in den Bereichen Finanzen, EDV und Kundenservice. Ihr Arbeitgeber, ein renommiertes Bankhaus, restrukturiert. Filialen vor Ort werden im Zuge der Entwicklung im Direkt- und Online-Banking geschlossen. Andrea hat einen Aufhebungsvertrag unterschrieben und muss sich beruflich neu orientieren. Die Kundenberatung am Schalter und die Prüfung von Kassenbelegen haben ihr Spaß gemacht. Doch diese Aufgaben sind verschwunden. Immer weniger Kunden kommen persönlich in eine Bankfiliale. Kassenbelege werden heute von Software geprüft, nicht mehr von Menschen. Andrea ist ratlos: »Ich kann doch nichts von dem, das da draußen gebraucht wird!« Ich beruhige sie. Denn so ganz stimmt das nicht.

Vieles von dem, was Andrea gelernt und gemacht hat, ist tatsächlich »da draußen« wertlos geworden: Ihre bankenspezifischen Softwarekenntnisse oder ihr Know-how über bankinterne Verfahrensrichtlinien, Prüfprozesse und Abläufe zum Beispiel. Doch das ist nur die Oberfläche. Wenn wir auf die Suche nach den übertragbaren Fähigkeiten gehen, finden wir das, was auch in der Arbeitswelt 4.0 wichtig ist und gebraucht wird. Zu den übertragbaren Fähigkeiten zählen generell jene, die in Zusammenhang mit Führung, Beziehung, Kommunikation, kritischem Denken, Analyse und Organisation stehen. Hinter Andreas langjähriger beruflicher Tätigkeit in der Kundenberatung und der Kassenprüfung stecken branchen- und aufgabenunabhängige und damit übertragbare Fähigkeiten, die sie auch in anderen Jobs einsetzen kann.

Andrea kann Kunden *zuhören* und sich in sie *einfühlen*. Sie kann sich verständlich und klar *ausdrücken* und andere *beraten*. Andrea kann *rechnen* und Fehler im Kassenbestand *analysieren*. Und sie kann Arbeitsabläufe und sich selbst gut *organisieren*.

Übertragbare Fähigkeiten spielen aber nicht nur im kaufmännischen Bereich eine Rolle. Sie sind für alle Arbeitsfelder wichtig – auch im technischen Bereich.

Thomas, Techniker, 54 Jahre alt, verliert seine Arbeit, da sein Arbeitgeber die Produktion ins Ausland verlagert. 22 Jahre war er in demselben Betrieb tätig und hat sich bis zum Teamleiter im Versuchslabor hochgearbeitet. Nun steht er da und weiß nicht so genau weiter. Auf seine zahlreichen Bewerbungen erhält er bislang nur Absagen. Die Analyse der Bewerbungsaktionen zeigt die Ursache dafür: Thomas bewirbt sich auf die falschen Stellen. Mit seinen 54 Jahren und einer Technikerausbildung aus dem Jahr 1989 hat er so gut wie keine Chance auf eine vergleichbare Position als Team- oder Gruppenleiter. Für diese Positionen werden von Unternehmen bevorzugt jüngere Ingenieure eingestellt. Thomas ist ratlos.

Wir arbeiten seine übertragbaren Fähigkeiten heraus. Auf meine Frage, was er denn am allerliebsten und am besten gemacht hat, erzählt er: »*Die Installation und die Testläufe neu entwickelter Prüfstände für Dauertests unserer Produkte, das war Spitze. Hier habe ich von meinen Chefs immer wieder großes Lob erhalten, weil wir die Energiekosten und den Zeitbedarf reduzieren konnten.*« Auf weitere Nachfrage wird deutlich, dass Thomas über ein *sehr gutes technisches Verständnis* verfügt. Er kann mechanische Probleme schnell erkennen, ja sogar voraussehen und auf diese Weise *kreativ und effizient Problemlösungen* finden. Als er mir das erklärt, merke ich auch, dass seine Fähigkeit, *komplexe technische Zusammenhänge einfach zu erklären,* gut ausgeprägt ist.

Damit verfügt Thomas über drei Fähigkeiten, die er auch in einer anderen Position als der des Teamleiters im Versuchslabor einsetzten kann. Zum Beispiel als Mitarbeiter im technischen Kundenservice eines produzierenden Unternehmens. In entsprechenden Stellenanzeigen lesen Sie häufig: *»Sie verfügen über ein gutes technisches Verständnis, die Fähigkeit, Probleme schnell zu erkennen und kreativ zu lösen, sowie die Fähigkeit, komplexe technische Zusammenhänge einfach zu erklären.«*

Auf der Suche nach den übertragbaren Fähigkeiten

Arbeitgeber suchen nach derartigen übertragbaren Qualitäten bei ihren Arbeitnehmern. Doch wie Andrea ist den meisten von uns gar nicht mehr bewusst, was wir eigentlich können und welche übertragbaren Fähigkeiten dahinterstecken – weil wir das, was wir tun, schon zu lange, zu selbstverständlich und immer in dem gleichen Umfeld machen. Schauen Sie einmal selbst unter die Oberfläche. Legen Sie sich eine Checkliste Ihrer übertragbaren Fähigkeiten an. Nutzen Sie dazu die folgende Auswahl an Verben und kreuzen Sie diejenigen an, die Ihre fünf bis maximal zehn Stärken am ehesten beschreiben.

Konzentrieren Sie sich dabei auf die Fähigkeiten, die Sie nicht nur gerne einsetzen, sondern die Sie auch wirklich gut beherrschen. Fragen Sie sich selbst, wann und wo Sie mit welcher Ihrer starken, übertragbaren Fähigkeiten erfolgreich waren. Etwas erreicht haben. Ein Ergebnis erzielt haben, für das Sie von anderen anerkannt und gelobt wurden. Ergänzen Sie die Auswahl einfach, wenn eine oder mehrere Fähigkeiten fehlen.

Da wir oftmals blind sind für das, was wir täglich tun, lohnt es sich auch, Dritte zur eigenen Person zu befragen. Überlegen Sie, wer Sie und Ihre Fähigkeiten gut kennt, und fragen Sie die Personen

analysieren	haushalten		verhandeln
anleiten	helfen	ordnen	verkaufen
argumentieren			vermitteln
	informieren	pflegen	verwalten
bedienen	inspirieren	planen	vortragen
beeinflussen	integrieren	präsentieren	
beobachten	interpretieren	programmieren	wahrnehmen
beraten	interviewen		
betreuen		recherchieren	zuhören
bewerten	kommunizieren	rechnen	zusammen- arbeiten
	kontrollieren	reparieren	zusammen- fassen
diagnostizieren	koordinieren	repräsentieren	
durchsetzen	konzipieren		
		schreiben	
einfühlen	lernen	selbstmanagen	
einschätzen	lesen	sortieren	
entwerfen		sprechen	
erinnern	malen		
	managen	testen	
formulieren	motivieren		
forschen		übersetzen	
fotografieren	nähen	unterrichten	
führen		untersuchen	

danach, welche Fähigkeiten sie bei Ihnen erkennen. Sie können auch Ihre Arbeitszeugnisse auf (übertragbare) Fähigkeiten untersuchen. In Zeugnissen Ihrer bisherigen Arbeitgeber finden Sie zahlreiche Verben.

Bewahren Sie die Checkliste gut auf – denn sie wird später noch wichtig werden, wenn Sie Ihre Bewerbungsunterlagen fähigkeitsbasiert formulieren und wenn Sie im Jobinterview auf die Frage antworten: »*Was können Sie besonders gut?*«

Zusätzlich zu Ihren übertragbaren Fähigkeiten spielen Ihre persönlichen Eigenschaften eine wichtige Rolle, wenn Sie Ihre Chancen auf dem Arbeitsmarkt erfolgreich nutzen wollen.

Persönliche Eigenschaften

Sie müssen kein Nobelpreisträger und kein Überflieger sein, um mit über 50 noch einmal einen neuen Job zu finden. Es reicht völlig aus, wenn Sie *Sie* selbst sind. Andrea zum Beispiel ist *freundlich* und *höflich*, *hilfsbereit* und *verbindlich*. Das sind geeignete persönliche Eigenschaften für die Kundenberatung – und das nicht nur in einer Bank. Wenn sie die Kasse prüft, arbeitet sie *genau*, *sorgfältig* und *zuverlässig*. Auch das sind persönliche Qualitäten, nach denen Firmen suchen.

Welche Eigenschaften bringen Sie für den Arbeitsmarkt 4.0 mit?

Legen Sie sich noch eine Checkliste an, diesmal eine Liste Ihrer persönlichen Eigenschaften. Nutzen Sie dazu die folgende Auswahl an Adjektiven und kreuzen Sie diejenigen an, die Ihre Persönlichkeit am ehesten beschreiben. Ergänzen Sie die Auswahl, wenn eine oder mehrere Eigenschaften fehlen, doch begrenzen Sie sich auch hier auf fünf bis maximal zehn persönliche Eigenschaften, die Sie wirklich auszeichnen.

Was für unsere Fähigkeiten gilt, gilt noch in viel höherem Maße für unsere persönlichen Eigenschaften. Aber wir erkennen oft selbst nicht so genau, wie wir eigentlich sind und wie wir wirken. Deshalb ist es hilfreich, auch hier Dritte zu befragen. Wen können und wollen Sie fragen? Wer kennt Sie gut? Auch hier können Sie zusätzlich Ihre Arbeitszeugnisse auf Adjektive untersuchen. Arbeitgeber verwenden diese in einem Zeugnis, um die Art, wie Sie gearbeitet

	flexibel		sorgfältig
anpassungsfähig	freundlich	leistungsori-entiert	sympathisch
antizipativ		lernbereit	
aufgeschlossen	geduldig	loyal	tolerant
	genau		aktiv
beherrscht		mutig	ungeduldig
belastbar	hilfsbereit		
	humorvoll	offen	verantwortungs-voll
diplomatisch		ordentlich	verbindlich
diszipliniert	initiativ		vorsichtig
dominant	intelligent	pflichtbewusst	
	interessiert	proaktiv	zielstrebig
ehrgeizig			zufrieden
ehrlich	kommunikativ	risikobereit	zuverlässig
	kontaktstark		

haben, zu beschreiben und zu bewerten. Nehmen Sie diese Fremdbeurteilung als Anregung und denken Sie weiter.

Bewahren Sie auch diese Checkliste gut auf. Sie werden Sie später benötigen – wenn Sie Ihren Lebenslauf und das Bewerbungsanschreiben aussagekräftig formulieren. Und wenn Sie im Jobinterview gefragt werden: *»Wie würden Sie sich selbst charakterisieren?«*

Fassen Sie jetzt am Ende des Kapitels noch einmal zusammen, was Sie können, was Sie wollen und wie Sie sind. Denken Sie dabei bitte nicht an Ihren Ausbildungs- oder Studienabschluss oder an Ihren letzten oder aktuellen Jobtitel. *»Ich bin Industriekaufmann«, »Ich bin*

Maschinenbauingenieur« oder *»Ich bin Teamleiter Kreditoren«*. Das sind Worthülsen. Denken Sie daran: Sie sind ein Mensch und kein Job. Ergänzen Sie die folgenden acht Satzanfänge:

Ich bin ______________________________

____

(z. B. zuverlässig, verbindlich, diszipliniert, freundlich, einfühlsam ...)

Andere sagen über mich, dass ich ______________________________

____

(z. B. belastbar bin, zielstrebig bin, engagiert bin, aktiv bin ...)

Ich arbeite ______________________________

____

(z. B. selbstständig, sorgfältig, engagiert, effizient ...)

Ich kann gut ______________________________

____

(z. B. zuhören, analysieren, kommunizieren, organisieren ...)

Ich weiß viel über ______________________________

____

(z. B. Buchführung, Lebensmitteltechnik, SAP, Technik, Kunst ...)

Ich habe Erfahrung in ______________________________

____

(z. B. Teamführung, Moderation, Controlling ...)

Ich mag gerne ______________________________

____

(z. B. Teamarbeit, helle Büros, neueste Technik ...)

Ich will ______________________________

____

(z. B. eine interessante Aufgabe, einen fairen Chef, eine 80-Prozent-Stelle ...)

Konnten Sie mit Hilfe des ersten Kapitels ein motivierendes Bild Ihrer beruflichen Zukunft zeichnen? Können Sie Ihre übertragbaren Fähigkeiten und Ihre persönlichen Eigenschaften, Ihre Bedürfnisse und Ihre Vorstellungen über die sechs Jobfaktoren bereits unter einen Hut bringen, das heißt kombinieren und arrangieren?

Die Zukunft fängt heute an – in der Gegenwart. Aber die ist nicht immer so angenehm und unkompliziert, wie wir uns das wünschen. Wie sieht das bei Ihnen aus? Von welcher Ausgangssituation starten Sie? Haben Sie eine Antwort auf die Fragen, was passiert ist – und warum? Und wie geht es Ihnen eigentlich?

2. DIE GEGENWART

Erfahrungsgemäß muss viel passieren, bevor wir aktiv eine berufliche Neuorientierung anstreben. Gerade beim Thema Arbeit verfügen wir – anders als in anderen Lebensbereichen – über ein beachtliches Verdrängungs- und Beharrungsvermögen. Obwohl wir spüren, dass etwas nicht mehr stimmt, dass die Arbeit schon lange keinen Spaß mehr macht, wir mit dem neuen Chef nicht gut klarkommen oder die Firma wirtschaftlich schlecht dasteht, halten wir die Situation aus. Und das oft so lange, bis es gar nicht mehr geht, bis wir unerträglich unzufrieden oder krank werden und selbst kündigen. Oder bis die Firma uns rauswirft – weil sie ins Schlingern gerät und Kosten einsparen muss. Unabhängig von welcher Seite eine Trennung ausgeht, ob Sie Ihre berufliche Neuorientierung freiwillig einleiten oder durch eine Kündigung dazu gezwungen werden – Aktionismus hilft jetzt nicht. Atmen Sie durch und denken Sie zunächst über zwei Fragen nach: *Was ist passiert und warum?* und *Wie geht es Ihnen?*

WAS IST PASSIERT UND WARUM?

Ausgangssituation: In der Karriereberatung 50 plus lautet eine meiner ersten Fragen: *Was ist passiert und warum?* Eine Antwort darauf ist aus zwei Gründen wichtig. Erstens: Sie brauchen eine Wechselstory, eine Erklärung dafür, warum Sie heute da stehen, wo Sie stehen. Für sich selbst und für andere. Zweitens: Sie können aus der Vergangenheit für Ihre Zukunft lernen und bei der Wahl Ihres nächsten Arbeitgebers darauf achten, dass es besser wird.

Die Wechselstory

Sie brauchen eine Erklärung, warum Sie wechseln wollen, warum Sie gekündigt haben beziehungsweise warum Ihnen gekündigt wurde. Das ist nicht nur gegenüber einem potenziellen neuen Arbeitgeber notwendig, der Sie spätestens im Jobinterview danach fragen wird. Das ist auch für Sie selbst wichtig, um die Trennung zu verstehen. Menschen, die unfreiwillig gehen, ringen oft mit dem Warum: *Warum tun die mir das an? Warum ich?* Eine Erklärung schützt Sie davor, sich während Ihrer beruflichen Neuorientierung mit der Frage aufzuhalten, wer denn nun an Ihrer Situation schuld ist. Besonders in anstrengenden Phasen, wenn nicht alles so klappt, wie wir uns das vorstellen, neigen wir dazu, anderen die Schuld zu geben. Das zieht Energie und schmälert Ihre Chancen auf einen neuen Job. Außerdem laufen Sie Gefahr, gegenüber Dritten illoyal über Ihren alten Arbeitgeber zu reden, wenn Sie nicht ganz klar formulieren können, was passiert ist und warum.

Wie Sie Ihre Wechselstory entwerfen, lesen Sie im Kapitel 3 *Erste-Hilfe-Kit.* Wie Sie Ihre Trennungssituation analysieren, um zu verstehen und zu erklären, was passiert ist, lesen Sie jetzt.

Trennungsgründe benennen

Ohne eine Antwort auf die Frage, was passiert ist und warum, riskieren Sie vom Regen in die Traufe zu geraten. Je genauer Sie die Auslöser für Ihre Trennung beschreiben, desto zielstrebiger können Sie bei der Wahl eines neuen Arbeitgebers darauf achten, dass etwas besser wird, als es war. Die Auslöser lassen sich zwei Kategorien zuordnen: Entweder Sie haben sich entwickelt und der Arbeitgeber, der Job oder das Umfeld passen nicht mehr zu Ihnen. Konsequenz: Sie haben selbst gekündigt. Oder das Unternehmen hat sich verändert und Sie passen mit Ihren Qualifikationen und Werten nicht mehr zum Arbeitgeber. Konsequenz: Ihnen wurde gekündigt.

Persönliche Veränderungen kündigen sich auf emotionaler Ebene an
• Denken Sie regelmäßig und immer öfter über Alternativen nach? • Unterdrücken Sie öfter Gefühle von Ärger oder Frustration? • Empfinden Sie immer mehr Unlust und innere Leere? • Herrscht so viel Routine, dass Sie sich nur noch langweilen? • Fühlt es sich für Sie immer mehr so an, als ob Sie nicht mehr im richtigen Job sind?
Sie lassen sich an verschiedenen Unternehmenskriterien festmachen
• Die Ethik, Positionierung und Ziele des Unternehmens oder der Branche passen nicht mehr zu Ihren Werten und Zielen. • Die Aufgaben passen nicht mehr zu Ihren Fähigkeiten oder zu Ihren Interessen – Sie sind über- oder unterfordert – oder Sie erleben die Aufgaben als nicht mehr sinnvoll. • Die Arbeitsbedingungen (z. B. Arbeitszeit, Bürostruktur, Abläufe) passen nicht mehr zu Ihren Bedürfnissen und Prioritäten. • Das Verhältnis zu Ihrem direkten Vorgesetzten oder zu Ihren Kollegen ist zerrüttet. Es fällt Ihnen schwer, sie persönlich oder fachlich zu akzeptieren.
Die Konsequenz
→ Sie kündigen.
Ihre Folgerungen
Sie suchen sich einen neuen Job in einer anderen Branche, in einer anderen Position, mit anderen Aufgaben, mit anderen Arbeitsbedingungen, mit einem anderen Chef und anderen Kollegen. Einen neuen Job, der Ihren Werten und Bedürfnissen mit über 50 mehr entspricht als Ihr alter Job.

Veränderungen in der Firma kündigen sich ganz konkret an
• Hat in jüngster Zeit eine Firmenübernahme stattgefunden? • Hat ein Wechsel des Vorgesetzten stattgefunden? • Geht Ihnen Ihr Chef aus dem Weg oder verweigert er Ihnen das Gespräch? • Werden Sie nicht mehr zu Sitzungen eingeladen oder fehlen auf dem Verteiler? • Werden Sie und Ihre Arbeitsleistung oft kritisiert? • Fragen Sie Ihre Kollegen nicht mehr um Ihre Meinung? • Arbeitet Ihre Abteilung nicht mehr erfolgreich? • Gehen Kundenaufträge verloren? • Haben sich die Anforderungen (fachlich oder persönlich) an Ihre Arbeitsstelle verändert und Sie selbst machen das nicht mit? • Ist die wirtschaftliche Situation Ihres Arbeitgebers angespannt? • Werden Gehälter nicht mehr oder zu spät gezahlt?
Sie erzeugen bei betroffenen Mitarbeitern oft emotionale Reaktionen
• Innere Unruhe und Sorge um den Job • Unsicherheit und Angst vor Jobverlust • Schlechtes Schlafen, nervöser Magen, weitere psychophysische Symptome
Die Konsequenz
→ Ihnen wird gekündigt.
Ihre Folgerungen
1. Sie achten bei Ihrer Suche nach einem neuen Job verstärkt auf die wirtschaftliche Situation des potenziell neuen Arbeitgebers. 2. Sie absolvieren eine Weiterbildung, um mit den veränderten Anforderungen in Ihrem Berufsfeld besser Schritt halten zu können.

Benennen Sie die Gründe für eine sich anbahnende oder bereits vollzogene Trennung von Ihrem Arbeitgeber.

WIE GEHT ES IHNEN?

Wie geht es Ihnen? Eine einfache Frage, die bei meinen Klienten in der Karriereberatung oft einiges auslöst: wütende Worte, energische Gesten, Tränen, ängstliche Blicke und ratloses Achselzucken – weil unklar ist, wie und wo es weitergehen kann. Aber oft herrscht auch Aufbruchsstimmung und Vorfreude – auf das Neue, das jetzt kommen kann.

In der Übergangszone zwischen Alt und Neu geht es einem nicht immer gut – egal, ob man selbst gekündigt hat oder ob einem gekündigt wurde. Funktionieren die Dinge, fühlen wir uns sicher und freuen uns darauf durchzustarten. Wenn aber zu lange zu wenig klappt, fühlen wir uns schnell ernüchtert, unsicher, besorgt, ängstlich, wütend, feindselig, schuldig, niedergeschlagen, unmotiviert, verwirrt – und oft ratlos. Lassen Sie sich dadurch nicht entmutigen. Gehen Sie bewusst mit Ihren Gefühlen um.

Die Achterbahnfahrt der Gefühle

Machen Sie sich bewusst: Mit dem Arbeitsplatzwechsel – ob freiwillig oder gezwungen – geht nicht nur die vertraute Stelle verloren, sondern auch ein großer Teil der eigenen Identität. Ein Teil, auf den Sie stolz waren. Das ist traurig. Nicht mehr hier und noch nicht dort – der Zustand zwischen Alt und Neu ist emotional herausfordernd. Noch fehlt Ihnen die Vorstellung von einer beruflichen Zukunft. Die Aussicht, Vertrautes zurückzulassen, macht Angst. Für viele Jobwechsler 50 plus bricht erst einmal eine Welt zusammen aufgrund der Tatsache, dass sie überhaupt dieser Situation ausgesetzt sind.

Viele sonst nüchtern denkende Fach- und Führungskräfte gehen mit dem Wechsel oder dem Verlust ihres Jobs sehr emotional um und finden nur schwer einen Ansatz zur Problemlösung. Wenn die Arbeit (plötzlich) wegfällt, wird das fast immer als bedrohlich erfahren. Die Emotionen, die wir während eines Umbruchs durchleben, gleichen einer Achterbahnfahrt.

Am Anfang gesellt sich zur *Angst* oft die *Vorfreude*. Denn gleichgültig, wie wir unsere aktuelle Situation einschätzen, ob wir uns verändern wollen oder müssen – es könnte besser werden, als es war. Wir freuen uns sogar ein bisschen auf die Veränderung. Auf das Neue. Aber wir wissen nicht, was kommt.

Mit der Veränderung kommt die *Sorge* vor den möglichen Auswirkungen. Wir fürchten uns davor, wie der Chef wohl reagieren wird, wenn wir ein Zwischenzeugnis anfordern, oder wie es sein wird, wenn wir uns bei der Agentur für Arbeit arbeitslos melden müssen. Nachts schlafen wir schlecht. Tagsüber sind wir oft unkonzentriert. Unsere Gedanken und Gefühle wühlen uns auf. Wir merken, dass die Veränderung doch stärkere Auswirkungen auf uns und auf andere hat – zum Beispiel auf unsere Familie.

Wir fühlen die *Bedrohung*, sind uns unsicher, ob wir damit umgehen können. Wer unfreiwillig gehen muss, kämpft oft mit dem Gefühl der *Kränkung*. Macht andere verantwortlich für seine Situation. Spürt Ärger.

Bleibt der Bewerbungserfolg aus, kommen die ersten *Selbstzweifel*. Nur Absagen und Rückschläge – wie hält man das aus, ohne an sich zu zweifeln. Wir geben uns selbst die *Schuld* daran, dass es so weit gekommen ist. Fühlen uns ernüchtert und fragen uns: *Was habe ich bloß getan?* Unser Selbstwert leidet. Wir stellen uns selbst in Frage, wissen nicht mehr so genau, wer wir eigentlich sind und wie es weitergehen soll. Wir fühlen uns unmotiviert und oft verwirrt. Wer schon einmal arbeitslos war, weiß: Arbeitslosigkeit kann ein Fluch sein. Mit seelischen, geistigen und körperlichen Auswirkungen. Gerade hierzulande.

Wir Deutschen definieren unseren Selbstwert stark darüber, ob wir eine Arbeit haben, für die wir entlohnt werden. Verlieren wir die Arbeit, verlieren wir unseren Platz in der Gesellschaft und unsere zeitliche Struktur. Wir verlieren viele Sozialkontakte und das Gefühl, etwas zu können und gebraucht zu werden. Andere sagen, wir sind träge. Wir fühlen uns nutzlos. Die Folge: *Nieder-*

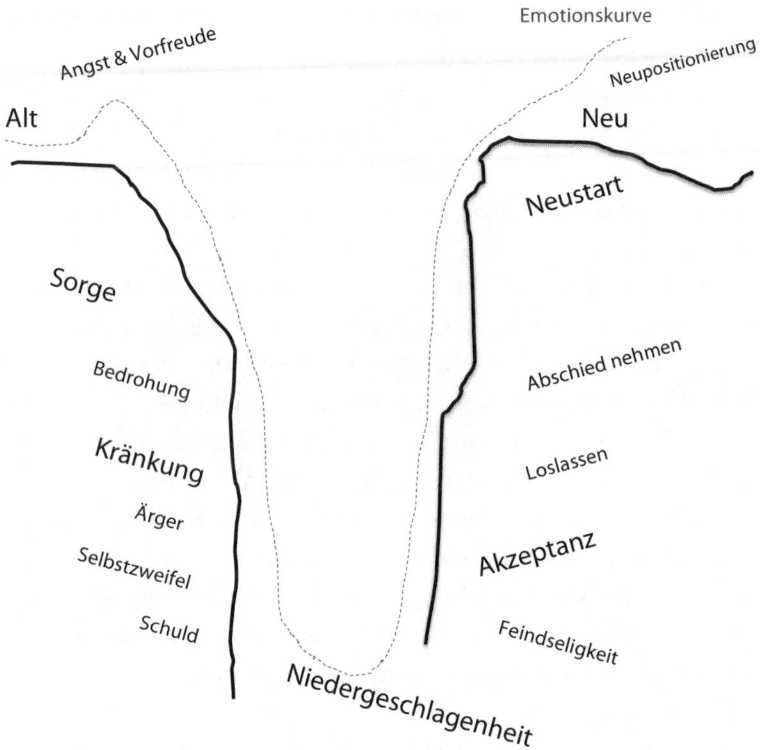

Abbildung 2: Emotionsverlauf in der Übergangszone zwischen Alt und Neu

geschlagenheit. An diesem Punkt besteht das Risiko der Verbitterung und Feindseligkeit – wer die durch die Veränderung herbeigeführten Neuerungen ignoriert oder bekämpft und die immer selben erfolglosen Strategien verfolgt, bleibt im Tal der Tränen.

An diesem Punkt besteht aber auch die Chance zum *Neuaufbruch* – wenn wir es schaffen, die neue Situation zu akzeptieren und in unsere Sicht der Welt zu integrieren. Die *Akzeptanz*, dass es nicht mehr so ist, wie es war, und dass nicht alles gleichbleiben kann, wenn sich etwas verändert, wächst. Wir lernen, die Situation und uns selbst zu akzeptieren. Wir erkennen: Veränderung ist kein Kampf. Es kommt nicht darauf an, viel Kraft aufzuwenden. Die Lösung besteht vielmehr im *Loslassen*. Wir realisieren die Trennung vom Alten. Wir lassen los und nehmen *Abschied*. Hier beginnt die Neustrukturierung – der

Neustart. Wir öffnen unsere Augen dafür, was wir gewinnen können. Es geht bergauf. Wir werden aktiv, finden uns wieder zurecht und fühlen uns wohl. Und dann klappt es mit der Neupositionierung.

Die Achterbahnfahrt der Gefühle ist völlig normal. Wenn etwas zu Ende geht, das uns im Leben begleitet hat, gleichgültig, ob es nun besonders gut war oder nicht, hinterlässt das erst einmal ein Loch. Viele Menschen 50 plus unterschätzen, wie groß der Sprung aus bislang stabilen Verhältnissen in das Unbekannte ist. Die Verunsicherung kann sehr groß werden, wenn Sie plötzlich ohne Arbeit dastehen. Wer sich darauf einstellt, kann leichter konstruktiv damit umgehen.

Mit Gefühlen konstruktiv umgehen

»Krise ist ein produktiver Zustand. Man muss ihr nur den Beigeschmack der Katastrophe nehmen.« Auch wenn an diesem Spruch von Max Frisch etwas Wahres dran ist – wer in der Krise steckt, will das eigentlich nicht hören. Wer eine emotionale Krise durchlebt, der will Handwerkszeug, um wieder herauszukommen.

Hier ist der Schlüssel dazu. Die 3-A-Methode:

- Akzeptieren Sie die Situation, wie sie jetzt ist. Sie zu ignorieren oder sie zu bekämpfen, führt nicht weiter.
- Analysieren Sie, wie die Situation so werden konnte, wie sie es heute ist. Einfach nur in Aktionismus zu verfallen, führt Sie in die Irre.
- Werden Sie aktiv und ändern Sie etwas an Ihrer Situation – denn von selbst passiert nichts.

Akzeptieren: Auch wenn Sie wissen, dass Sie in Ihrem Veränderungsprozess emotional Achterbahn fahren werden und durch ein Tal der Tränen gehen müssen, bevor es wieder aufwärtsgeht, ist es doch doof. Weil es unangenehm ist. Weil es einfach seine Zeit dauert. Weil man es nicht beschleunigen oder abkürzen kann. Weil man einfach da durch muss. Bei dem einen dauert das länger, bei dem anderen kürzer. Und beides ist ganz normal. Wer das akzeptiert, wer sich erlaubt, wütend zu sein, wer sich die Zeit für den Abschied vom Alten nimmt, wer zu seiner Unsicherheit und dazu steht, dass ihn das Ganze auch runterzieht – der geht damit bereits einen ersten großen Schritt in Richtung Zukunft. Solange Sie sich innerlich aber gegen das, was passiert ist, auflehnen, gegen den technischen Fortschritt, dem Sie nicht hinterherkommen, oder gegen den Arbeitgeber, der Sie nach 20 Jahren undankbar einfach rausschmeißt, solange haben Sie den Blick nach vorne nicht frei. Akzeptieren hört sich einfacher an, als es ist. Wenn Sie in Ihrem Freundes- und Familienkreis auf zu viel Verständnis für Ihre schwierige Situation treffen, ist das zum Beispiel am Anfang okay – auf lange Sicht aber kontraproduktiv. Klar, am Anfang brauchen Sie Zustimmung, Verständnis, Trost. Doch ab einem gewissen Zeitpunkt brauchen Sie einen ehrlichen Sparringspartner, der Ihnen auch einmal sagt: *»Jetzt reicht es. Wenn du an der Situation nichts ändern kannst, dann ändere etwas an deinem Umgang damit. Akzeptiere, was ist, und höre auf damit, dich dauernd zu fragen ›Warum ich?‹ und dich selbst zu bemitleiden.«*

Analysieren: Wir Menschen brauchen eine Erklärung für das, was uns widerfährt. Ohne Erklärung können wir die Dinge nicht einordnen. Ohne zu verstehen, was passiert ist, bleibt ein großes Fragezeichen. Und das beschäftigt uns bewusst oder unbewusst oft so intensiv, dass wir in der Emotionskurve immer wieder in Frust oder sogar Trauer zurückfallen – und es einfach nicht schaffen zu akzeptieren, was passiert ist und damit konstruktiv umzugehen. Wer analysiert, was passiert ist und warum, und eine stimmige Erklärung findet, geht damit den zweiten großen Schritt auf seinem Weg der beruflichen Neuorientierung.

Aktiv werden: Von selbst passiert nichts. Ihr erster Schritt führt Sie zum zweiten, der zweite zum dritten und so weiter. Wer aktiv wird, nimmt seine Zukunft selbst in die Hand und kann seinen eigenen

Weg gestalten und gehen. Dazu braucht man aber Gewissheit darüber, was man will, was man kann und wie man anfängt, das, was man will, auch zu erreichen. Dieses Buch ist Ihr Mentor auf Ihrem Weg in die Zukunft.

Mit der 3-A-Methode können Sie Ihre turbulenten Gefühle in Energie für den Neustart umwandeln. Doch dafür ist es wichtig, den Kopf frei zu haben – frei von Notfallgedanken. Wer sich ständig Sorgen um die eigene Existenz macht oder sich mit den bürokratischen Notwendigkeiten blockiert, statt sie zu regeln, der kann seine Chancen nicht klar sehen. Nutzen Sie das Erste-Hilfe-Kit im nächsten Kapitel und klären Sie die Frage, was Sie gegebenenfalls sofort beachten *müssen*.

3. ERSTE-HILFE-KIT

Bei einer Kündigung, egal von welcher Seite, ist plötzlich eine ganze Menge zu klären. Dieses Kapitel hilft Ihnen dabei, an die wichtigsten Dinge zu denken. Nutzen Sie die Checkliste und Tipps, um das, was Sie sofort beachten müssen, zu regeln. Piloten machen das auch, bevor sie losfliegen – damit sie durchstarten und nicht bruchlanden.

- Wechselstory wasserdicht?
- Eigene Kündigung gut geplant?
- Aufhebungsvertrag geprüft?
- Arbeitslosen- und Sozialversicherung gecheckt?
- Arbeitszeugnis angefordert?
- Finanzplan erstellt?

WECHSELSTORY

Personaler zum Bewerber: *»Warum wollen Sie den Arbeitgeber wechseln?« (»Warum haben Sie gekündigt? Warum wurde Ihnen gekündigt?«)*

Welche Antwort haben Sie auf diese Frage parat? Was auch immer Sie erzählen wollen – drei Regeln sollten Sie bei Ihrer Wechselstory beachten:

1. Keep it simple
2. von Anfang an und
3. gegenüber jedem.

Selbst wenn es in Ihnen brodelt und Sie am liebsten der ganzen Welt erzählen würden, was für ein übler Typ Ihr alter Chef ist, was für ein Scheißladen Ihr alter Arbeitgeber ist, wie schlimm es dort zugeht oder wie kaputt die Arbeit Sie dort gemacht hat – TUN SIE DAS NICHT!

Reden Sie von Anfang an und jedem gegenüber mit den gleichen einfachen Worten. Gleichgültig, ob Familie, Freunde, Ex-Kollegen, ehemalige Geschäftspartner oder Personaler im Jobinterview – nach außen gelten immer die gleichen einfachen Worte: *»betriebliche Veränderungen (Restrukturierung)«* oder *»persönliche Veränderungen (Entwicklung)«*. Lassen Sie sich auch auf Nachfrage nicht dazu hinreißen, etwas Negatives über Ihren alten Arbeitgeber zu sagen oder über gesundheitliche Gründe für Ihren Weggang zu berichten. Die Welt ist klein. Wenn Sie Dritten gegenüber illoyal über Ihren alten Arbeitgeber reden oder Ihre eigene Leistungsfähigkeit demontieren, spricht sich das oft schneller herum, als es Ihnen lieb ist. Ein möglicher neuer Arbeitgeber hat *große Ohren*. Gerade wenn Sie sich im Streit mit Ihrem Arbeitgeber befinden und die Trennung vielleicht sogar vor Gericht landet, ist es besonders wichtig, Ihre Wechselstory so einfach wie möglich zu halten – damit Sie Ihnen während des Bewerbungsprozesses nicht auf die Füße fällt. Ihre Wechselstory könnte wie folgt lauten:

Bewerber zum Personaler: *»Ich werde aus persönlichen Gründen meinen Arbeits- und Lebensmittelpunkt nach Stuttgart verlegen. Deshalb habe ich gekündigt.«*

Bewerber zum Personaler: *»In meiner aktuellen (letzten) Position gibt (gab) es keine Perspektiven. Ich will meine Fähigkeiten im Bereich X und im Aufgabenfeld Y einsetzen. Deshalb habe ich gekündigt.«*

Bewerber zum Personaler: *»Ich will mich beruflich verändern. Nach X Jahren im alten Job will ich meine Fähigkeiten und Erfahrungen für einen neuen Arbeitgeber einsetzen.«*

Bewerber zum Personaler: *»Mein Arbeitgeber restrukturiert. Mehrere Abteilungen wurden bereits zusammengelegt. Mit mir wurden* *weiteren Mitarbeitern Aufhebungsverträge angeboten. Ich habe die Chance ergriffen und unterschrieben.«*

Sie merken – es läuft immer auf das Gleiche hinaus: Entweder Sie gehen freiwillig und geben als Wechselgrund persönliche Veränderungen (Entwicklung) an. Oder Sie gehen unfreiwillig und geben als Wechselgrund eine betriebliche Veränderung (Restrukturierung) an. Mehr nicht. Ihre eigene Erklärung für das, was sich zugetragen hat, haben Sie mit Ihren engsten Vertrauten, vielleicht mit Ihrem Partner oder der engsten Freundin rauf und runter diskutiert. Hier haben Sie vielleicht auch Ihre Wut über das, was war, rausgelassen. Das ist gut. Das ist gesund. Aber das hat in der Welt draußen gegenüber Dritten nichts zu suchen. Auch auf teils provozierende Nachfragen von Ex-Kollegen oder Personalern: Im Jobinterview bleiben Sie standhaft und reden sich nicht um Kopf und Kragen. Wer hier anfängt, über psychische Belastung zu sprechen oder über unhaltbare Zustände beim alten Arbeitgeber herzuziehen, wer die Schuld für eine wirtschaftliche Schieflage im Missmanagement der Chefs sieht oder die Ex-Kollegen des Mobbings bezichtigt, der ist draußen (vgl. Kapitel *Verstehen, wie Personaler ticken* und *Das Vorstellungsgespräch – die Kunst der Selbstpräsentation*).

SELBST KÜNDIGEN

Sie haben Ihren Job hingeschmissen oder wollen ihn hinschmeißen? Manchmal wächst einem alles über den Kopf. Am liebsten will man dann sofort kündigen. Und manchmal macht man das dann auch. Impulsiv. Doch halt! Haben Sie zumindest einen kleinen Masterplan für Ihr »Danach«? Impulskündigungen bringen Sie in eine schlechte Ausgangsposition. Sie verlieren die Zeitkontrolle. Sie verlieren Ihre Finanzsicherheit. Sie verlieren die Oberhand über Ihre berufliche Neuorientierung. Machen Sie das nur, wenn es absolut nicht mehr anders möglich ist. Wenn Sie zum Beispiel

Gefahr laufen, sich oder andere zu gefährden. Bevor Sie kollabieren oder rebellieren, sollten Sie sich krankschreiben lassen und sich die Hilfe eines Arztes oder eines Psychologen (Therapeut oder Coach) suchen. Auf jeden Fall ist es sinnvoll, die eigene Kündigung zeitlich, finanziell und organisatorisch sehr genau zu planen. Hier ein kurzer Check-up – acht Punkte, die Sie beachten sollten.

Kennen Sie Ihre Kündigungsfrist?

Ihre Kündigungsfrist kann sich aus Ihrem Arbeitsvertrag, aus einem anwendbaren Tarifvertrag oder aus dem Gesetz ergeben (§ 622 BGB). Als Arbeitnehmer können Sie gesetzlich mit einer vierwöchigen Kündigungsfrist zum 15. oder zum Ende des Kalendermonats kündigen. Diese Frist kann durch den Arbeitsvertrag nicht verkürzt, aber verlängert werden. Eine Verlängerung geht aber nur, wenn der Arbeitgeber sich auch an die längere Frist halten muss. Dadurch kann es zu individualvertraglich vereinbarten langen Kündigungsfristen kommen, die Sie für einen Jobwechsel unflexibel machen. Ohne *Aufhebungsvertrag* kommen Sie dann nicht raus. Sollten Sie sich bei Ihrer Kündigungsfrist unsicher sein, lohnt sich ein kurzer Anruf bei der Deutschen Anwaltshotline (www.deutsche-anwaltshotline.de) oder ein Gang zum Fachanwalt für Arbeitsrecht. Beides ist allerdings kostenpflichtig. Um Zeit und Kosten zu sparen, können Sie sich gut vorbereiten, Ihren aktuellen Arbeitsvertrag lesen und bereithalten.

Wissen Sie, wie Sie früher aus Ihrem Arbeitsvertrag kommen?

Generell besteht die Möglichkeit, früher aus seinem Arbeitsvertrag zu kommen, wenn sich beide Seiten, also Ihr Arbeitgeber und Sie auf einen Aufhebungsvertrag einlassen. Dabei gibt es einiges zu beachten, damit Ihnen daraus keine Nachteile entstehen (vgl. *Aufhebungsvertrag*).

Wissen Sie, wann Sie sich arbeitslos melden müssen?

Auch wenn Sie selbst kündigen, müssen Sie sich innerhalb von drei Tagen nach Bekanntwerden des Zeitpunkts, an dem Ihr bestehendes Arbeitsverhältnis (oder genauer gesagt Ihr Versicherungspflichtverhältnis) endet, arbeitslos melden. Wenn es noch mehr als drei Monate bis zum ersten Tag nach dem jetzigen Arbeitsverhältnis dauert, reicht es, wenn Sie spätestens einen Tag vor Ablauf der 3-Monats-Frist bei der für Sie am Wohn- oder Arbeitsort zuständigen Agentur für Arbeit erscheinen. Als Rechtsgrundlage gilt das Sozialgesetzbuch, Drittes Buch, § 37b. (SGB III). Offene Fragen klären Sie am besten direkt mit der Agentur für Arbeit. Ein Anruf genügt oft (www.arbeitsagentur.de).

Kennen Sie die Sperrzeitenregelung beim Arbeitslosengeld?

Wer selbst kündigt, bekommt ab dem ersten Tag, nachdem das Arbeitsverhältnis (das Versicherungspflichtverhältnis) endet, zwölf Wochen lang kein Arbeitslosengeld. Eine Ausnahme von dieser Regel wird nur dann gemacht, wenn Sie aus gesundheitlichen Gründen zu einer Eigenkündigung gezwungen wurden. Ist eine psychische oder körperliche Erkrankung der Grund für Ihre Eigenkündigung und wird Ihnen das von einem Arzt bestätigt, erhalten Sie vom ersten Tag nach Beendigung Ihres Arbeitsverhältnisses Arbeitslosengeld. Auch hierzu erhalten Sie weitere Informationen direkt bei der Agentur für Arbeit (vgl. *Arbeitslosen- und Sozialversicherung*).

Wie regeln Sie das mit der Sozialversicherungspflicht?

Erhalten Sie eine Sperrzeit beim Arbeitslosengeld, müssen Sie sich selbst krankenversichern und prüfen, ob Sie freiwillig in die gesetzliche Rentenkasse einzahlen. Informieren Sie sich unbedingt bei Ihrer Krankenkasse und lassen Sie sich bei der Deutschen Rentenversicherung (www.deutsche-rentenversicherung.de) über die für Sie relevanten Details beraten (vgl. *Arbeitslosen- und Sozialversicherung*).

Wie lange reicht Ihr Geld?

Verfügen Sie über finanzielle Rücklagen? Wie lange reicht Ihr Finanzpuffer, um Ihren aktuellen Lebensstandard zu wahren? Wie viel Zeit haben Sie, um sich auf dem Arbeitsmarkt neu zu positionieren? Manchmal dauert eine berufliche Neuorientierung über 50 länger als gewünscht. Wie lange reicht Ihr Geld (vgl. *Finanzplanung*)?

Haben Sie bereits eine neue Erwerbsidee, ein konkretes Jobziel?

Wissen Sie, was Sie wollen und was Sie können? Was ist Ihnen wichtig und wie wollen Sie leben? Haben Sie Ihre Bestandsaufnahme gemacht (vgl. Kapitel 1 *Die Zukunft*)?

Wissen Sie, wie Sie sich in der Arbeitswelt 4.0 positionieren?

Haben Sie bereits einen Masterplan, wie Sie Ihr Ziel erreichen können? Welche Schritte sind notwendig, um Ihr Jobziel zu realisieren (vgl. Teil II *Los geht's – entwerfen Sie Ihren Erfolgsplan*)?

Bevor Sie selbst kündigen, aber auch wenn die Trennung vom Arbeitgeber ausgeht, können Sie all diese Punkte strategisch planen und systematisch aktiv werden. Damit steigen Ihre Chancen auf eine passende neue Erwerbsarbeit mit 50 plus deutlich.

AUFHEBUNGSVERTRAG

Will sich Ihr Arbeitgeber von Ihnen trennen – und die rechtlichen Unsicherheiten, die mit einer betrieblichen Kündigung einhergehen, vermeiden oder je nach Unternehmensgröße den Betriebsrat nicht einschalten und eine Sozialauswahl umgehen –, müssen Sie mitspielen, sofern Sie das wollen. Ein Aufhebungsvertrag regelt also, wie ein Arbeitsverhältnis in *beiderseitigem Einvernehmen* aufgelöst werden soll.

Die Bereitschaft zur Aufhebung ist erfahrungsgemäß an Forderungen gebunden – je nachdem, von wem die Absicht eines Aufhebungsvertrags ausgeht: Will sich Ihr Arbeitgeber trennen, haben Sie eine starke Verhandlungsposition. Dann können Sie über das Ende des Beschäftigungsverhältnisses, eine Abfindungszahlung, eine Freistellung von der Arbeit unter Fortzahlung der Vergütung, die Ausstellung eines qualifizierten Arbeitszeugnisses und gegebenenfalls auch über eine Outplacement-Beratung verhandeln.

Outplacement-Beratung (engl.): Eine von Unternehmen finanzierte Dienstleistung für ausscheidende Mitarbeiter, die als professionelle Hilfe zur beruflichen Neuorientierung angeboten wird, bis hin zum Abschluss eines neuen Arbeitsvertrages oder einer Existenzgründung.

Wollen Sie sich trennen, haben Sie in der Regel weniger Verhandlungsspielraum – es sei denn, Ihr Arbeitgeber ist sowieso gerade dabei zu restrukturieren und interessiert daran, dass Sie gehen.

Eventuell existiert auch ein Sozialplan im Unternehmen, der die Modalitäten bei Trennung regelt. Dann haben Sie, gleichgültig von wessen Seite der Trennungswunsch ausgeht, gute Karten für einen goldenen Handschlag.

Die Form des Aufhebungsvertrags

Wichtig ist die Form des Vertrags, die gesetzlichen Vorschriften entsprechen muss. Ein Aufhebungsvertrag muss in jedem Fall schriftlich geschlossen werden – eine mündliche Vereinbarung gilt juristisch nicht. Darüber hinaus sollten Sie darauf achten, dass die Inhalte entsprechend so festgeschrieben werden, dass Ihnen daraus kein beruflicher oder wirtschaftlicher Nachteil entsteht. Wenn Sie einen Aufhebungsvertrag unterschreiben, macht Ihnen die Bundesagentur für Arbeit den Vorwurf, dass Sie das Arbeitsverhältnis freiwillig aufgelöst haben und so eine Mitschuld an einer möglichen Arbeitslosigkeit tragen. Die Folge: eine zwölfwöchige Sperrzeit des Arbeitslosengelds gemäß § 144 Abs. 1 S. 2 SGB III.

Wenn Sie einen firmenseitig gewollten Aufhebungsvertrag unterschreiben, aber auch, wenn Sie Ihre Kündigungsfrist durch einen Aufhebungsvertrag verkürzen wollen, sollten Sie für den Fall der Arbeitslosigkeit die Möglichkeit prüfen, statt eines Aufhebungsvertrags mit Ihrem Arbeitgeber einen *Abwicklungsvertrag* zu schließen. Der Unterschied ist klein, aber fein.

Der Abwicklungsvertrag

Anders als der Aufhebungsvertrag beendet der Abwicklungsvertrag das Arbeitsverhältnis nicht. Zunächst wird Ihnen vom Arbeitgeber ordentlich gekündigt. Dann unterzeichnen Sie den vereinbarten Abwicklungsvertrag. Dieser regelt lediglich noch die Folgen der

Kündigung – also zum Beispiel eine vorzeitige Freistellung, einen finanziellen Ausgleich oder die Formulierungen im Arbeitszeugnis. Dadurch haben Sie keine Sperrzeit zu befürchten – aber vergessen Sie nicht, sich sofort beziehungsweise spätestens drei Monate vor Beendigung des Arbeitsverhältnisses (Versicherungspflichtverhältnis) bei der Agentur für Arbeit zu melden.

Wenn der Wunsch nach einem Aufhebungsvertrag von Ihnen ausgeht und sich Ihr Arbeitgeber nicht auf eine ordentliche Kündigung und die Vereinbarung eines Abwicklungsvertrags einlässt, sollten Sie einen guten Plan in der Tasche haben, wie Sie weitermachen wollen – denn dann bekommen Sie auf jeden Fall eine Sperrzeit beim Arbeitslosengeld. Es sei denn, Sie können durch ein ärztliches Attest nachweisen, dass Sie Ihr Arbeitsverhältnis aus gesundheitlichen Gründen vorzeitig freiwillig aufgelöst haben. Gehen Sie mit einem Aufhebungsvertrag in jedem Falle behutsam um. Erfahrungsgemäß lohnt sich der Rat eines fachkundigen Anwalts, der Ihren Einzelfall genau prüfen und einen Aufhebungsvertrag beziehungsweise eine Kündigungs- und Abwicklungsvereinbarung mit Ihrem Arbeitgeber bewerten und aushandeln kann.

ARBEITSLOSEN- UND SOZIALVERSICHERUNG

Sie pfeifen auf Arbeitslosengeld und Rentenlücke? Zu mir kommen immer wieder Menschen über 50 in die Karriereberatung, die selbst kündigen wollen – weil sie es im alten Job einfach nicht mehr aushalten. Manche von ihnen interessieren die Möglichkeiten, eine Sperrzeit beim Arbeitslosengeld zu umgehen, nicht – weil sie genügend finanziellen Spielraum haben, um sich über mehrere Monate hinweg selbst zu finanzieren. Das hat durchaus Charme. Denn wer keine Rechte für sich in Anspruch nehmen will (finanzielle Hilfe und inhaltliche Unterstützung bei der Jobsuche seitens der Arbeitsagentur), der muss auch keine Pflichten befolgen (Bewerbungspflicht bei Vermittlungsvorschlägen seitens der Arbeitsagentur – ob sie nun passen oder nicht). Allerdings ist dabei einiges zu beachten:

- Klären Sie unbedingt mit Ihrer Krankenkasse, wann und wie Sie sich freiwillig krankenversichern müssen. Besonders, wenn auch der Partner und vielleicht auch noch die Kinder bei Ihnen mitversichert sind.
- Klären Sie unbedingt mit der Rentenversicherung, wann und wie Sie sich freiwillig gesetzlich rentenversichern können, um spätere Renteneinbußen zu vermeiden.
- Klären Sie unbedingt, welche Auswirkungen Ihre Entscheidung, sich nicht arbeitslos zu melden, auf eventuell weitere Versicherungen hat, beispielsweise auf eine private Krankenzusatzversicherung oder auf eine private Rentenvorsorge- oder Berufsunfähigkeitsversicherung.

Wer sich jedoch arbeitslos melden will, der sollte auf jeden Fall die Meldefristen beachten. Bindend hier ist § 37b des SGB III. Versäumen Sie die Meldefrist ohne triftigen Grund (z. B. Krankheit), bekommen Sie beim Arbeitslosengeld eine Sperrzeit von bis zu 12 Wochen (vgl. *Selbst kündigen, Punkt 3*).

ARBEITSZEUGNIS

Sie brauchen es – glauben Sie mir. Sobald das Beschäftigungsverhältnis endet – ob freiwillig oder nicht –, steht Ihnen nach § 109 Absatz 2 der Gewerbeordnung (GewO) ein schriftliches Arbeitszeugnis zu. Und Sie sollten es einfordern – nachhaltig. Das Arbeitszeugnis ist eine Urkunde und muss zwingend zwei Bedingungen erfüllen. Erstens muss es *wahr* sein. Und zweitens muss das Arbeitszeugnis *wohlwollend* sein. Die Gewerbeordnung schreibt dazu:

»Das Zeugnis muss klar und verständlich formuliert sein. Es darf keine Merkmale oder Formulierungen enthalten, die den Zweck haben, eine andere als aus der äußeren Form oder aus dem Wortlaut ersichtliche Aussage über den Arbeitnehmer zu treffen.«

Dieser rechtliche Anspruch führt leider dazu, dass sich in der Praxis ein Zeugnisgeheimcode entwickelt hat, den ein Laie nur schwer durchschaut. Da ein Arbeitszeugnis neben dem Lebenslauf maßgeblich über Erfolg oder Misserfolg Ihrer Bewerbungen entscheidet, sollten Sie bei Ihrem Arbeitszeugnis genau hinschauen und auf eine hohe Qualität achten. Drei Dinge sind wichtig, um Ihre Chancen auf dem Arbeitsmarkt dauerhaft zu verbessern:

Inhaltliche Ansprüche an ein Arbeitszeugnis

Ein Arbeitszeugnis folgt einem typischen Neun-Punkte-Aufbau-Schema:

1. Die Überschrift »Arbeitszeugnis«,
2. die Stammdaten des Arbeitnehmers,
3. eine Beschreibung des Unternehmens,
4. eine Tätigkeitsbeschreibung des Arbeitnehmers,
5. die Beurteilung von Leistung und Sozialverhalten,
6. der Beendigungsgrund des Arbeitsverhältnisses,
7. die Abschlussformel (Bedauern und Bedanken) und die Zukunftswünsche,
8. Ort, Datum, Unterschrift und ggf. Firmenstempel und
9. die Firmendaten, die in der Regel in der Fußzeile stehen, da das Arbeitszeugnis auf Firmenpapier gedruckt wird.

Formale Ansprüche an ein Arbeitszeugnis

Auch formal muss das Arbeitszeugnis gewissen Ansprüchen genügen. Achten Sie auf die folgenden fünf Kriterien:

1. Das Zeugnis muss in Schriftform auf flecken- und knitterfreiem Papier ausgedruckt werden.
2. Es muss individuell formuliert und nicht etwa von einem Ihrer vorherigen Arbeitszeugnisse abgeschrieben sein.
3. Das Zeugnis muss die korrekten Personalien (Vorname, Name, Geburtsdatum), den genauen Tätigkeitszeitraum sowie die Art und Dauer aller von Ihnen durchgeführten Tätigkeiten enthalten (Urlaub und Krankheit werden nicht mit aufgenommen).
4. Ein Schlusssatz ist optional. Der Arbeitgeber kann Ihnen darin zum Abschluss für Ihre Leistungen danken, es bedauern, dass Sie das Unternehmen verlassen und Ihnen weiterhin Erfolg wünschen. Er muss es aber nicht. Fehlt der Schlusssatz, wird das jedoch häufig negativ ausgelegt. Die Angabe des Ausscheidungsgrunds – zum Beispiel, dass Sie selbst gekündigt haben oder Ihnen aufgrund von Restrukturierung betriebsbedingt gekündigt wurde – darf nur mit Ihrer ausdrücklichen Zustimmung im Arbeitszeugnis aufgenommen werden.
5. Ihr Vorgesetzter und/oder der Personalchef sollten das Zeugnis unterschreiben.

Anspruch auf Nachbesserung des Arbeitszeugnisses

Falls Ihr Arbeitszeugnis einzelne der genannten Kriterien nicht erfüllt, können Sie als Arbeitnehmer eine Nachbesserung oder einen Austausch verlangen. Sind die Leistungs- und Sozialverhaltensbeurteilung unvollständig oder unterdurchschnittlich – schlechter als die Note »befriedigend« –, können Sie Ihr Zeugnis zurückweisen und auf Nachbesserung pochen. Ebenso müssen Sie missverständliche oder widersprüchliche Formulierungen oder Rechtschreibfehler nicht hinnehmen. Falls Sie eine Nachbesserung bei einzelnen Formulierungen und formalen Standards verlangen wollen, sollten Sie damit nicht zu lange warten. Spezielle Fristen sind zwar nicht geregelt, so dass grundsätzlich der gesetzliche Verjährungsanspruch von drei Jahren gilt, um seine Ansprüche durchzusetzen. Jedoch gilt grundsätzlich, dass Ansprüche aus dem Arbeitsverhältnis zeitnah geltend gemacht werden müssen.

Im Einzelfall kann es ganz schön schwierig sein, Zeugnisformulierungen und Geheimcodes zu verstehen und zu bewerten. Da Ihr Arbeitszeugnis eine wichtige Urkunde für Ihren weiteren beruflichen Erfolg darstellt, sollten Sie kein Risiko einer absichtlich oder unabsichtlich falschen Bewertung eingehen. Im Zweifelsfall hilft Ihnen ein Fachanwalt für Arbeitsrecht weiter.

FINANZPLAN

Sie fragen sich sicherlich, warum Sie jetzt schon über Geld nachdenken sollen. Aber glauben Sie mir, es ist nie zu früh, sich über die eigenen Finanzen Gedanken zu machen. Geld allein macht bekanntlich nicht glücklich, aber Sie können sich davon etwas zu essen kaufen. Und mit vollem Magen lässt sich vieles besser ertragen. Kennen Sie Ihre Lebenshaltungskosten? Wissen Sie, welchen Eurobetrag Sie pro Monat zum Leben benötigen? Wie lange verdienen Sie noch wie viel Geld? Was kommt nach der Beendigung Ihres Arbeitsverhältnisses? Arbeitslosengeld? Und wenn ja, wie viel und wie lange? Bekommen Sie eine Abfindung? Und wenn ja, wie wird diese ausbezahlt und versteuert? Haben Sie finanzielle Rücklagen? Wie lange können Sie Ihren aktuellen Lebensstil ohne ein regelmäßiges Einkommen finanzieren? Wie schnell müssen Sie eine Ihrem alten Gehalt entsprechende Einnahmequelle realisieren? Sie merken: Am Thema Geld hängt zwar kein Glück, aber fast alles andere. Ihre finanzielle Situation entscheidet darüber,

- wie schnell Sie selbst kündigen können – wenn Sie das vorhaben,
- ob Sie Arbeitslosengeld I in Anspruch nehmen müssen oder nicht,
- wie lange Sie Zeit haben, um sich beruflich neu zu orientieren,
- wie viele berufliche Möglichkeiten Ihnen offenstehen

Erstellen Sie eine Liste Ihrer monatlichen Ausgaben. Über welche Einnahmen und finanziellen Reserven verfügen Sie und wie lange können Sie Ihre laufenden Kosten damit bestreiten? Ab welchem Zeitpunkt brauchen Sie einen Notfallplan – einen Plan B? Ab wann müssen Sie Ihre Lebenshaltungskosten reduzieren oder wieder höhere Einnahmen realisieren? Sofort? In drei Monaten? In einem Jahr? Dieser Zeitpunkt entscheidet darüber, wie ruhig Sie schlafen und wie sorgenfrei Sie beruflich durchstarten können.

Ausgaben (monatlich)	**in Euro**	**Einnahmen**	**in Euro**
Miete Nebenkosten Versicherungen Lebensmittel Kleidung Kinder Leasingraten (z. B. Auto) Kaufraten (z. B. Flatscreen) Kreditraten Kultur Sonstiges		Arbeitslosengeld Abfindung Rücklagen Zusatzeinkommen Sonstiges (z. B. Einkommen des Partners)	
Gesamtausgaben		**Gesamteinnahmen**	

Jetzt aber erst einmal durchatmen. Sie kennen Ihre Ausgangssituation, können Ihre Wechselstory erzählen und haben alle notwendigen Erste-Hilfe-Maßnahmen ergriffen, um spätere Schwierigkeiten zu vermeiden. Sie haben Ihr Jobziel anhand der sechs Jobfaktoren definiert und auf Ihre Möglichkeiten und Bedürfnisse abgestimmt. Sie kennen Ihre übertragbaren Fähigkeiten und persönlichen Eigenschaften und können diese auch kommunizieren. Jetzt kann es losgehen. Entwerfen Sie im zweiten Teil des Buches Ihren Erfolgsplan und starten Sie durch.

Teil II
LOS GEHT'S – ENTWERFEN SIE IHREN ERFOLGSPLAN

Die Arbeitswelt fordert Ihnen als Jobwechsler 50 plus einiges ab. Sie entdecken nicht nur viele neue Möglichkeiten, sondern stoßen auch auf Bedenken seitens der Arbeitgeber im Hinblick auf ältere Bewerber, technische Hindernisse beim Bewerben und Jobanforderungen 4.0, die Sie so wahrscheinlich noch nicht kannten. Im zweiten Teil des Buches erfahren Sie, wie Sie sich davon nicht überwältigen lassen. Sie lernen sechs Erfolgsfaktoren kennen, die Ihnen dabei helfen werden, einen Arbeitgeber von sich und von Ihren Fähigkeiten zu überzeugen. Und Sie erfahren, wie Sie Ihren individuellen Masterplan 50 plus entwerfen, um damit Ihr neues Jobziel zu erreichen. Wenn die Herausforderung der heutigen Arbeitswelt VUCA heißt, lautet die Lösung dafür Agilität: die Kunst, flexibel, proaktiv, antizipativ und initiativ zu agieren. Die gute Nachricht ist: Das können wir alle schon – ob mit 30, 50 oder darüber hinaus. Leben heißt agil sein – vielleicht haben wir es mit über 50 nur ein wenig verlernt.

4. SECHS ERFOLGSFAKTOREN

Jobwechsler 50 plus haben fast alle 20, 30 Berufsjahre und einen beeindruckend langen Lebenslauf zu bieten. Viele über 50-Jährige denken, dass Arbeitgeber sich darüber freuen und glücklich sind, so viel Erfahrung zu bekommen. Doch das ist nicht notwendigerweise so. Sie mögen über jahrelange Erfahrung in einem bestimmten Aufgabenbereich verfügen, doch was ist, wenn der Job, für den Sie sich bewerben, diese gar nicht benötigt? Dann sind Ihre zehn, 15 oder mehr Jahre Erfahrung für den Arbeitgeber wertlos. Wenn Sie Ihre Chancen auf einen neuen Arbeitsvertrag erhöhen wollen, müssen Sie einem Arbeitgeber das bieten, was er braucht. Sechs Erfolgsfaktoren helfen Ihnen dabei:

1. Ihr Realitätssinn,
2. die Fähigkeit, sich selbst richtig einzuschätzen,
3. eine agile Einstellung,
4. lösungsorientierte Denkmuster,
5. Offenheit und
6. ein Verständnis davon, wie Personaler ticken.

REALITÄTSSINN

Überqualifiziert, zu teuer, auf dem absteigenden Ast – Arbeitgeber haben Bedenken, ältere Bewerberinnen und Bewerber einzustellen. Es ist hilfreich, das von vornherein realistisch zu sehen. Sonst ergeht es Ihnen wie vielen 50-Jährigen, die im Laufe der Jobsuche beginnen, an sich zu zweifeln oder Arbeitgebern gar Altersdiskriminierung vorzuwerfen. Wenn Sie die Bedenken der Arbeitgeber kennen, können Sie bei allem, was Sie tun, darauf eingehen. Und Sie können die Bedenken ausräumen – in Ihrem Lebenslauf, im Bewerbungsanschreiben, in Ihrem Onlineprofil bei Xing, in Ihrem *Pitch* am Telefon (ein Pitch ist eine kurze Selbstpräsentation, in der Sie Ihr Gegenüber mit wenigen Worten von sich und von Ihren Fähigkeiten überzeugen) und in Ihrer Selbstpräsentation im Jobinterview. Wir werden im Kapitel 5 *Der Masterplan 50 plus* auf jede dieser Gelegenheiten eingehen, bei denen Sie einen Arbeitgeber von sich überzeugen können.

Jetzt klären Sie aber erst einmal drei Fragen und schärfen damit Ihren Realitätssinn – denn das ist der erste Erfolgsfaktor bei Ihrer beruflichen Neupositionierung:

1. Welche Bedenken gibt es?
2. Wie viel Wahrheit steckt dahinter?
3. Wie können Sie mit den Bedenken konstruktiv umgehen?

Welche Bedenken haben Arbeitgeber?

Arbeitgeber haben ihre Erfahrungen mit Bewerbern und Mitarbeitern über 50. In der Regel sind das diejenigen in der Belegschaft, die am meisten verdienen, am häufigsten krank sind, die sich oft nicht mehr lernbereit und weniger lernfähig zeigen, die weniger flexibel sind und sich von anderen nur ungern etwas sagen lassen. Regt sich Widerstand in Ihnen? *»Frechheit. Das stimmt doch gar nicht. Blödsinn.«* So mögen Sie jetzt denken. Doch halt! Bevor Sie diese zugegeben harten Worte ablehnen, sollten Sie erst einmal prüfen, wie viel Wahrheit darin steckt.

Wie viel Wahrheit steckt dahinter?

Bedenken speisen sich aus Erfahrungen. Die Statistiken sprechen hier eine deutliche Sprache. Zahlreiche Studien belegen: Beschäftigte im Alter zwischen 50 und 59 Jahren beziehen die höchsten Gehälter, was oft durch eine lange Betriebszugehörigkeit zustande kommt – und nicht unbedingt durch die aktuell erbrachte Leistung. Mitarbeiter über 55 Jahre werden auch häufiger krank – im Durchschnitt fehlen sie vier Wochen im Jahr durch Krankschreibung. Das ist fast dreimal so viel wie Mitarbeiter der Altersgruppe zwischen 25 und 29 Jahren (Institut der deutschen Wirtschaft, Köln). Die Sehkraft lässt nach, der Rücken schmerzt mehr, die Konzentrationsfähigkeit wird weniger – körperliche Arbeit, aber auch Bildschirmarbeit werden dadurch beschwerlicher. Und das ist alles ganz normal und menschlich. Laut einer Umfrage des Instituts für Arbeitsmarkt- und Berufsforschung (IAB) bewerten 50- bis 60-Jährige ihre körperliche Arbeitsfähigkeit selbst schlechter als die Vergleichsgruppe der 30- bis 49-Jährigen.

Die Zahlen belegen auch, dass sich ältere Mitarbeiter weniger oft weiterbilden als jüngere (Statistisches Bundesamt; Deutsches Institut für Erwachsenenbildung, 2017). Firmeninterne Statistiken zeigen, dass viele Konflikte im Betrieb zwischen älteren und jüngeren Beschäftigten in multigenerationalen Teams ausgetragen werden – weil ältere und jüngere Teammitglieder und Chefs oft nicht so gut miteinander zurechtkommen. Weil sich ältere Mitarbeiter oft unwohl fühlen, wenn Sie von jüngeren Kollegen und Vorgesetzten Aufträge und Anweisungen entgegennehmen müssen. Aber auch weil sich jüngere Mitarbeiter und Chefs oft schwertun, auf die Bedürfnisse von älteren Kollegen einzugehen, deren Stärken zu sehen und zu nutzen. Häufig fehlt die beiderseitige Toleranz.

Auch die Bereitschaft, sich flexibel auf sich wandelnde Arbeitsbedingungen einzustellen, ist bei älteren Mitarbeitern weniger stark ausgeprägt. Laut Umfragen verteidigt die Mehrzahl aller über 50-Jährigen bestehende Strukturen und ist nicht bereit für eine digitale Transformation. Die Personalentscheider in Unternehmen kennen nicht nur die Statistiken, Ihre Erfahrungen in der Praxis bestätigen die Zahlen auch.

Wie ist das bei Ihnen? Welche Bedenken treffen auf Sie zu? Wie flexibel sind Sie? Wie gut kommen Sie mit Menschen unterschiedlicher Generationen klar? Wie häufig bilden Sie sich fort? Wie oft treiben Sie Sport, um fit und gesund zu bleiben? Und last but not least, wie verhandlungsbereit sind Sie beim Thema Gehalt?

Wie können Sie mit den Bedenken umgehen?

Selbst wenn Sie sich nicht zum statistischen Durchschnitt der über 50-Jährigen zählen, weiß der Arbeitgeber noch lange nicht, dass das so ist. Sie müssen es ihm schon *initiativ* zeigen, um seine Bedenken auszuräumen. Ansonsten besteht die Gefahr, dass Sie nicht einmal zu einem Vorstellungsgespräch eingeladen werden. Gehen Sie *proaktiv* mit den Bedenken der anderen Seite um. Sprechen Sie die Punkte Flexibilität, Toleranz, Lernfähigkeit, Belastbarkeit und das Gehalt von sich aus offen an – am Telefon, in Ihren Bewerbungsunterlagen und im Interview. Davor aber prüfen Sie erst einmal, wo Sie stehen:

Gehalt: Welche Gehaltsvorstellung haben Sie? Recherchieren Sie, wie viel Gehalt ein Arbeitgeber aktuell bereit ist, für Ihre Arbeitskraft zu bezahlen (vgl. Abschnitt *Die Gehaltsfrage*). Das ist der Maßstab für Ihren Gehaltswunsch und Ihre Gehaltsforderung – nicht etwa die Summe, die Sie bei Ihrem letzten Arbeitgeber bezogen haben.

Gesundheit: Wie fit sind Sie? Lassen Sie einen großen Check-up bei Ihrem Hausarzt durchführen. Prüfen Sie Ihre Krankenstatistik (Fehltage) der letzten fünf Jahre. Treiben Sie regelmäßig Sport. Ernähren Sie sich gesund. Ich wünsche Ihnen, dass Sie fit und gesund sind. Und wenn das so ist, dann sagen Sie es einem potenziell neuen Arbeitgeber auch. Im Lebenslauf. Zum Beispiel unter der Kategorie *»Stärken«* beispielsweise mit den zwei Aufzählungspunkten *»Weniger als fünf Krankheitstage in den letzten fünf Jahren«* und *»Fit und belastbar durch regelmäßigen Sport«* (vgl. Abschnitt *Die Bewerbungsunterlagen*).

Lernbereitschaft/-fähigkeit: Wann haben Sie sich zuletzt in welchem Thema weitergebildet? Vor einem Monat, einem Jahr oder vor zehn Jahren? Wenn Ihr letztes Lernerlebnis schon länger als ein Jahr zurück liegt, sollten Sie sich noch heute bei einem Sprach-, EDV-, Methoden- oder Fachkurs anmelden. Und teilen Sie einem möglichen neuen Arbeitgeber auch mit, dass Sie das machen. Zum Beispiel im Bewerbungsanschreiben: *»Aktuell absolviere ich einen Englischkurs, um mein Business-English wieder aufzufrischen«* (vgl. *Bewerbungsunterlagen*).

Flexibilität: Wie flexibel sind Sie, wenn es um die Arbeitszeiten, um den Arbeitsort und um die Arbeitsbedingungen generell geht? Wie beweglich reagieren Sie auf sich verändernde Situationen, Personen und Aufgaben? Signalisieren Sie einem Arbeitgeber initiativ, dass Sie flexibel mit Veränderungen umgehen können. Zeigen Sie ihm Ihre Veränderungsbereitschaft und -fähigkeit. Beispielsweise im Interview. Erzählen Sie, wie Sie erfolgreich mit dem digitalen Wandel umgehen, wann Sie sich zuletzt fortgebildet haben oder welche innerbetriebliche Veränderung Sie beim alten Arbeitgeber gut gemeistert haben. Mehr dazu erfahren Sie unter *Einstellung* und im Kapitel *Ihr Masterplan 50 plus*)

Toleranz: Wie unvoreingenommen denken und handeln Sie – besonders gegenüber jüngeren Menschen? Wie offen gehen Sie auf diese Menschen zu und wie gut kommen Sie mit ihnen aus? Zeigen Sie einem potenziellen Arbeitgeber, dass Sie weder Vorbehalte noch Berührungsängste gegenüber Menschen generell und speziell gegenüber jungen Menschen und Menschen aus anderen Kulturkreisen haben. Im Vorstellungsgespräch können Sie zum Beispiel darüber berichten, wann und wo Sie bereits erfolgreich in gemischten Teams gearbeitet haben. Um überhaupt zu einem Vorstellungsgespräch eingeladen zu werden, können Sie bereits in Ihren Bewerbungsunterlagen darauf eingehen. Beispielsweise im Anschreiben: *»Ich bin ein Teamplayer. Das konnte ich in mehreren interdisziplinären Projektteams unter Beweis stellen, in denen ich mit Kollegen aus verschiedenen Nationen und Generationen erfolgreich zusammengearbeitet habe«* (vgl. Abschnitt *Offenheit*).

Der Umgang mit den fünf Bedenken *»zu teuer«*, *»zu oft krank«*, *»will nicht mehr lernen«*, *»ist unflexibel«* und *»ist stur«* wird uns bis zum Arbeitsvertrag und darüber hinaus begleiten. 50 plus ist nicht das neue 30. Da können wir getrost ganz realistisch sein. Mit über 50 sind wir nicht mehr so schnell und belastbar wie mit 30 – und wir sollten auch nicht versuchen, anderen etwas vorzuspielen. Vielmehr ist es sinnvoll, nach Arbeitgebern zu suchen, die Bewerber 50 plus willkommen heißen und sich dort mit einer realistischen Selbsteinschätzung und den Stärken, die Sie haben, vorzustellen. Wo Sie diese Arbeitgeber finden, das erfahren Sie im Abschnitt *Zwei Millionen offene Stellen.* Was Ihre Selbsteinschätzungsfähigkeit mit Ihrer erfolgreichen Neupositionierung zu tun hat, das lesen Sie jetzt.

SELBSTEINSCHÄTZUNG

Generation Gold, *Best Ager*, *Master Consumer* – die Konsumwelt spart nicht mit kreativen Labeln für die Generation 50 plus. Firmen, die uns Wellness und Weltreisen, Powerdrinks und Potenzmittel verkaufen wollen, umwerben uns mit wohltuenden Zuschreibungen *»(...)* über 50-Jährige *sind junggeblieben, gesünder, fitter, agiler, gebildeter und mobiler als jede Generation vor ihnen (...)«*. Das geht runter wie Öl. In der Arbeitswelt gelten wir jedoch offensichtlich als *stur*, *unflexibel*, *unbelehrbar*, *gebrechlich* und dazu auch noch als *teuer.* Zwischen dem Gefühl, ein alter Sack (immerhin ein alter Geldsack) und ein Powerplayer im besten Alter zu sein, oszillieren viele 50-Jährige hin und her zwischen Selbstunterschätzung und Selbstüberschätzung – zwischen Überheblichkeit und Selbstzweifel. Das ist emotional sehr anstrengend. Für Arbeitgeber ist das ein Grund, Sie nicht einzuladen und nicht einzustellen. Die Fähigkeit, sich selbst realistisch einschätzen zu können, ist wichtig – und der zweite Erfolgsfaktor auf Ihrem Weg zum neuen Job. Prüfen Sie anhand der folgenden beiden Beschreibungen, wo Sie aktuell stehen.

Selbstzweifel – Selbstunterschätzung

Wer mit 50 plus seinen Job verliert oder freiwillig geht, ist oft überrascht, wie viel er tun muss, um potenzielle Arbeitgeber zu erreichen und sie von sich und seinen Fähigkeiten zu überzeugen. Die Wochen ziehen ins Land. Eine Bewerbung folgt der anderen. Eine Absage der nächsten. So haben sich die meisten von uns das nicht vorgestellt. Im Verlauf der beruflichen Neuorientierung erkennen wir, dass der Arbeitsmarkt nicht auf uns gewartet hat und dass wir mit Bedenken seitens der Arbeitgeber zu kämpfen haben. Nach einer Weile fangen wir an zu zweifeln, an unseren Chancen, an unseren Fähigkeiten und an uns selbst. Es fällt uns immer schwerer, Stellenanzeigen richtig einzuschätzen, und wir fühlen uns verunsichert durch die vielen genannten Anforderungen der Arbeitgeber. Allmählich beginnt eine negative Spirale aus Selbstzweifeln und Selbstunterschätzung. Das schlägt auf die Motivation. Wir bewerben uns weniger. Wir bewerben uns auf immer unpassendere Stellen mit immer niedrigeren Anforderungen. Mit zu wenig Selbstbewusstsein gegenüber Arbeitgebern blockieren wir uns und überzeugen unser Gegenüber nicht. Die Folge: kaum Vorstellungsgespräche, kein Arbeitsvertrag.

Überheblichkeit – Selbstüberschätzung

Manche über 50-Jährige, die ihren Job unfreiwillig verlieren, fühlen sich verletzt und gekränkt und sind sauer auf Ihren alten Arbeitgeber. Jede Absage, die wir im Bewerbungsprozess bekommen, reaktiviert diesen Ärger und früher oder später schützen wir uns durch Überheblichkeit und überschätzen uns und unsere Fähigkeiten. »*Die Arbeitgeber wissen einfach nicht, wie gut ich bin. Die haben so einen wie mich gar nicht verdient. Ich kann viel mehr, als die brauchen.*« Die Stellenauswahl wird zunehmend selektiv und unangemessen. Wir bewerben uns auf viel zu hohe Positionen, suchen uns völlig falsche Aufgaben aus oder fordern ein viel zu hohes Gehalt für den Job – obwohl wir wahrlich nicht in der Position sind, Forderungen zu stellen. Überheblichkeit wirkt arrogant auf andere. Damit überzeugen wir Arbeitgeber nicht – sondern schrecken sie ab. Die Folge auch hier: kaum Vorstellungsgespräche, kein Arbeitsvertrag.

Faktencheck – raus aus dem Ping-Pong

Stopp! Weder Selbstüberschätzung noch Selbstunterschätzung helfen Ihnen beim Durchstarten mit 50 plus. Arbeitgeber wünschen sich Bewerber und Mitarbeiter, die wissen, was Sie können und was nicht, und die das auch *proaktiv* und selbstbewusst – nicht überheblich – kommunizieren. Ein Faktencheck hilft Ihnen dabei:

- Sie können etwas – Sie haben Qualifikationen, Kompetenzen, praktische Erfahrungen, persönliche und soziale Stärken vorzuweisen. Prüfen Sie bei jeder Stellenanzeige, inwieweit Ihr Jobpotenzial auf die genannten Anforderungen passt (vgl. Kapitel 5 *Der Masterplan 50 plus*).
- Sie haben Ihre sechs Jobfaktoren definiert – die möglichen Branchen, Positionen und Aufgaben, den Arbeitsort, die Arbeitszeit und Ihre Gehaltsvorstellungen. Prüfen Sie, wie realistisch

Ihr Jobziel in Bezug zur Arbeitsmarktwirklichkeit 4.0, zu Ihren übertragbaren Fähigkeiten und zu Ihrer persönlichen Leistungsbereitschaft ist. Beachten Sie: Wer stets mehr will, als er bereit oder fähig ist, dafür einzusetzen, der macht sich die Jobsuche mit 50 plus unnötig schwer.

- Sie kennen die Bedenken von Arbeitgebern gegenüber älteren Bewerbern und Mitarbeitern – *»zu teuer«*, *»zu oft krank«*, *»will nicht mehr lernen«*, *»ist unflexibel«* und *»ist stur«*. Prüfen Sie, wie Sie zu diesen Bedenken stehen und inwieweit Sie bereit dazu sind, Ihre Einstellung zu ändern oder Ihr Jobziel anzupassen.
- Sie wissen, dass der Schlüssel zur VUCA-Welt Ihre Agilität ist – die Kunst *flexibel, proaktiv, antizipativ* und *initiativ* zu agieren. Prüfen Sie auch hier, wie Sie dazu stehen, sich bewegen zu müssen, Ihr Denken zu verändern und neue Fähigkeiten zu erlernen, um einen neuen Job zu finden.

Mit 50 plus haben wir sehr viele Dinge über sehr viele Jahre in der immer gleichen Art und Weise gemacht. Das hat auch immer ganz gut funktioniert, und deshalb denken wir oft, dass auch weiterhin *the old way* funktionieren wird, und wollen uns nur ungern umstellen. Doch das funktioniert nicht. Denken Sie nur an 1985, die IBM-Kugelkopfschreibmaschine und den Computer. Ihre Einstellung zur Veränderung und Ihr Umgang damit sind wohl die wichtigsten Erfolgsfaktoren auf dem Weg zur Neupositionierung. Laut Arbeitgebern hapert es bei Menschen über 50 jedoch oft genau an dieser Einstellung – und nicht nur an der fehlenden Qualifikation. Aber was ist das überhaupt, die Einstellung?

EINSTELLUNG

Kolumbus hatte keine bessere Technologie zu seiner Zeit als irgendein anderer Kapitän. Er hatte keine besseren Segler. Er hatte nicht mehr Geld. Und er hat eine Reise unternommen, die vor ihm noch niemand gewagt hatte. Und er war erfolgreich. Wie kommt das? Kolumbus konnte Amerika entdecken, weil er daran geglaubt hat, dass es möglich ist. Er hatte eine andere Weltsicht, eine andere Vorstellungskraft, eine andere Überzeugung als die anderen. Hinterfragen Sie Ihre Weltsicht. Wie hilfreich sind Ihre Überzeugungen an diesem Punkt in Ihrem Leben?

Weitsicht und Weltsicht

An der Stelle, an der wir beginnen, die Welt mit anderen Augen zu sehen, fangen wir an, anders mit dieser Welt zu interagieren. Wer den Bedenken von Arbeitgebern feindlich gegenübersteht, der kämpft dagegen an, statt sich selbst zu hinterfragen und zu schauen, wie die Vorbehalte zu entkräften sind. Wer die digitalen Veränderungen in der Arbeitswelt ablehnt, verschließt sich davor, statt sich damit auseinanderzusetzen und zu lernen, damit umzugehen. Wer junge Menschen der Generation Y als unreif ansieht und sie nicht ernst nimmt, der nimmt sich die Chance, mit ihnen konstruktiv zusammenzuarbeiten und von ihnen zu lernen.

Testen Sie Ihre Einstellung – die Art und Weise, wie Sie über die Arbeitswelt 4.0 denken –, das ist der dritte und wichtigste Erfolgsfaktor beim Durchstarten mit 50 plus.

Wie denken Sie über die Generation Y, den digitalen Wandel und die Bedenken von Arbeitgebern gegenüber älteren Bewerbern:

- Beschweren Sie sich oft darüber, dass sich alles so schnell verändert, oder können Sie darin auch etwas Positives sehen?
- Erwarten Sie eher das Schlimmste oder das Beste in Ihrer Situation?
- Glauben Sie, dass Sie sowieso keine Jobchancen mehr haben, oder glauben Sie, dass Sie noch einmal durchstarten werden?

- Sehen Sie eher die Dinge, die nicht funktionieren, oder sind Sie eher dankbar für das, was funktioniert?
- Denken Sie, dass der digitale Wandel zu positiven Veränderungen führt oder eher nicht?
- Kommen Sie mit anderen Menschen eher gut aus oder eher nicht?
- Würden Sie sich als misstrauisch gegenüber Leuten der Generation Y beschreiben oder vertrauen Sie den Menschen?
- Glauben Sie, dass die jungen Leute der Generation Y ein zu hohes Anspruchsdenken haben, faul sind und erwarten, dass ihnen die gebratenen Tauben in den Mund fliegen oder dass die Generation Y eigentlich besser ist als ihr Ruf?

Versuchen Sie, die Welt mit offenen Augen zu sehen, dann fangen Sie automatisch an, anders mit dieser Welt umzugehen.

Raus aus der »Ja, aber«-Falle

»Ja, aber was soll denn an den Veränderungen in der Arbeitswelt 4.0 gut sein, da finde ich mit über 50 doch nie mehr einen Job.« Diese Worte höre ich häufig in der Karriereberatung, und dann erzähle ich das Beispiel von Kolumbus. Mit so einer Einstellung hätte der italienische Seefahrer Amerika nie entdeckt. Dann biete ich meinen Kunden eine Alternative an. Die Alternative lautet: »Ja, und warum nicht?« statt »Ja, aber ...«.

- Der digitale Wandel bietet viele Chancen. Das Leben wird einfacher. Neue Jobs entstehen. Arbeitsbedingungen werden besser. Die Arbeitswelt verändert sich positiv.
- Die Leute der Generation Y sind gut ausgebildet, kennen sich mit der digitalen Technik aus und haben andere Werte und Vorstellungen vom Leben als wir über 50-Jährigen. Das interessiert mich und ich möchte von ihnen lernen.

- Die Bedenken der Arbeitgeber gegenüber älteren Bewerbern treffen – wenn ich mal ehrlich bin – schon teilweise zu. Wenn ich einen neuen Job will, muss ich mich jedoch bewegen, schauen, was die Arbeitgeber brauchen, schauen, was davon ich zu bieten habe, und das so kommunizieren, dass ein Arbeitgeber es auch versteht.

Probieren Sie es aus. Lesen Sie die Aussagen und lassen Sie einen neuen Gedanken erst einmal zu, bevor Sie ihn ablehnen. Prüfen Sie, wie häufig Sie im Verlauf Ihrer beruflichen Neuorientierung *Ja, aber* ... denken, und ersetzen Sie Ihr *Ja, aber* ... jedes Mal durch ein *Ja, und warum nicht*?

Ihre Einstellung steuert Ihr Verhalten. Sie ist die Brille, durch die Sie die Welt betrachten, und das Werkzeug, mit dem Sie Ihre Karriere gestalten. »*Wer als Werkzeug nur einen Hammer hat, sieht in jedem Problem einen Nagel*« (Paul Watzlawick, 2009). Mit einer »*Can-do-Einstellung*«, einer Toolbox voll mit Werkzeugen, werden Sie Ihre Karriere sehr viel erfolgreicher gestalten und potenzielle Arbeitgeber von sich und von Ihren Fähigkeiten überzeugen. Staunen Sie, welche Möglichkeiten Ihnen eine Welt bietet, die Sie mit anderen, mit offenen Augen sehen. Versuchen Sie es hier schon einmal:

- Ich kann mir auch mit über 50 neues Wissen und neue Fähigkeiten aneignen.
- Ich kann auch mit 50 plus mit jungen Leuten zusammenarbeiten und von ihnen lernen.
- Ich kann auch als über 50-Jähriger flexibel auf Veränderungen am Arbeitsplatz reagieren.

Die Sache mit der Veränderung ist schon ein wenig paradox. Eigentlich wollen wir ja, dass sich etwas verändert. Besonders wenn wir freiwillig gegangen sind, um in ein neues Leben aufzubrechen. Doch dann merken wir, dass sich die Dinge tatsächlich verändern, dass nicht alles gleich bleiben kann, wenn etwas anders werden soll – und das verunsichert uns. Das einzig Bleibende im Wandel sind dann oftmals unsere Überzeugungen, unsere Einstellung. Und die bestimmt darüber, ob wir die Vergangenheit verteidigen oder die Zukunft willkommen heißen.

Willenskraft

Um auf Ihrem Weg in die berufliche Zukunft erfolgreich zu sein, heißt es *dranbleiben*, auch wenn es schwierig wird. Und so ganz einfach ist es mit über 50 nicht, sich neu zu positionieren. Sie werden sehr wahrscheinlich mehr Zeit dafür benötigen, mehr Bewerbungen schreiben und mehr Absagen verkraften müssen, als Sie das aus jüngeren Jahren kennen. Das ist nicht immer einfach aus- und durchzuhalten – selbst wenn Sie die Veränderung wirklich wollen. Um Arbeitgeber zu erreichen und sie von uns und von unseren Fähigkeiten zu überzeugen, müssen wir einiges tun. Wir müssen uns bewegen, müssen agil sein, das heißt *flexibel*, *proaktiv*, *antizipativ* und *initiativ* handeln. Dazu brauchen wir Entschlossenheit, Tatkraft, Ausdauer und Zielstrebigkeit – oder kurz Willenskraft.

Die Willenskraft hilft uns dabei, unsere beruflichen Vorstellungen auch wirklich in die Realität umzusetzen. Wir brauchen diese psychische Energie, um Unlustgefühle, Ablenkungen oder andere Hindernisse auf dem Weg zum neuen Job zu überwinden.

So wie Ihre Einstellung zur Arbeitswelt 4.0 darüber bestimmt, wie Sie mit der Welt umgehen, so bestimmt die Art, wie Sie über sich selbst denken, darüber, wie Sie sich verhalten und wie Sie von anderen wahrgenommen werden. Ihre Denkmuster sind der vierte Erfolgsfaktor auf Ihrem Weg zum neuen Job.

DENKMUSTER

Arbeitgeber sind nicht an Ihren Problemen interessiert. Davon haben sie selbst genug. Arbeitgeber wollen Lösungen und Mitarbeiter, die in Lösungen denken. Wie ist das bei Ihnen? Denken Sie eher in Lösungen oder eher in Problemen?

Diese Frage können Sie sich ganz leicht beantworten, indem Sie sich einmal bewusst zuhören, wie Sie mit sich selbst sprechen. Wir alle sprechen ständig unbewusst und leise mit uns selbst. Vom Aufstehen bis zum Schlafengehen begleitet uns ein unaufhaltsamer Strom an Gedanken, der mal lauter, mal leiser, mal positiv, mal negativ klingt. Führen Sie aktuell häufiger negative oder positive Selbstgespräche? Was denken Sie über Ihre berufliche Biografie und über eventuelle *Problemzonen*? Wie gehen Sie mit kritischen Punkten in Ihrem Lebenslauf um? Besonders Jobwechslern über 50, die längere Zeit erfolglos versuchen haben, einen neuen Job zu finden, fällt es schwer, sich selbst und die Dinge positiv zu sehen. Die kritischen Punkte im Lebenslauf geraten in den Fokus der eigenen Aufmerksamkeit und verfestigen sich zu einem *Problemfokus*. Unser Selbstgespräch fällt dann ziemlich negativ aus – zum Beispiel wie im folgenden Abschnitt.

Problemfokus

»Ich finde keine Arbeit. Mit meinen 53 Jahren bin ich schon zu alt. Ich kann nicht gut Englisch sprechen. Außerdem liegt meine Ausbildung zu lange zurück. Einem Arbeitgeber bin ich mit meiner langen Berufserfahrung sowieso zu teuer. Außerdem bin ich nur eingeschränkt mobil, ich kann nicht umziehen. So jemanden wie mich stellt doch keiner ein.«

Wie fühlen Sie sich nach diesem Selbstgespräch? Und wie verhalten Sie sich, wenn Sie so negativ mit sich selbst sprechen? Solange meine Klienten in diesem negativen Denkmuster gefangen sind, fühlen sie sich lustlos und hilflos, energielos, demotiviert und frustriert. Dann bewerben sie sich kaum. Dann arbeiten wir im Coaching daran, den Blickwinkel zu verändern. Weg vom Problemfokus: *»Oh je, mir steht so vieles im Weg, mich will keiner.«* Hin zum Lösungsfokus:

»Was von dem, das ich bieten kann, ist für einen Arbeitgeber interessant?« Das hört sich dann zum Beispiel so an:

Lösungsfokus

»Ich finde Arbeit. Ich schreibe mich noch heute in einen VHS-Kurs ein und lerne Englisch. Auch wenn meine Ausbildung lange zurückliegt, weiß ich, dass ich lernen kann. Das habe ich in einer betrieblichen Weiterbildung im letzten Jahr gemerkt. Die hat mir sogar Spaß gemacht. Ich weiß, dass ich nur Arbeit finde, wenn ich marktübliche Gehaltsvorstellungen habe. Das muss ich Arbeitgebern so sagen. Ich weiß, dass die Arbeit nicht zu mir kommen wird. Ich werde genau schauen, welche Jobs in welchen Unternehmen hier vor Ort möglich sind, und eventuell meine übrigen Jobfaktoren anpassen.«

Und, wie fühlt sich dieses Selbstgespräch an? Wie würden Sie sich danach verhalten? Wer positiv und in Lösungen denkt, erkennt viel einfacher und viel schneller, worauf er einen Einfluss hat und was er ändern kann. Sprach- und EDV-Kenntnisse, Gehaltsvorstellungen, ein bevorzugter Arbeitsort – das alles sind Dinge, die nicht von Gott gegeben und nicht in Stein gemeißelt wurden. Sie entscheiden darüber, wie Sie mit diesen Punkten umgehen. Achten Sie darauf, wann und wo Sie mit welchen Worten negativ mit sich selbst sprechen. Und dann überlegen Sie sich einige hilfreiche Sätze, die Sie sich in Ihren hilfreichen Selbstgesprächen immer wieder sagen. Hier sind einige Beispiele:

- Ich weiß, dass ich auf dem Arbeitsmarkt Chancen habe.
- Ich bin fit, gesund und belastbar.
- Lernen macht mir Spaß.
- Ich lerne gerne neue Menschen kennen.
- Ich bin dankbar für die Erfahrungen, die ich bislang sammeln konnte.
- Meine Kinder (21 und 19 Jahre alt) sagen, dass ich cool bin.
- Ich habe ein stabiles soziales Umfeld.

Ergänzen Sie diese Liste mit eigenen hilfreichen Sätzen.

Notieren Sie sich mindestens fünf für Sie hilfreiche Sätze auf einen kleinen Zettel. Achten Sie darauf, dass diese Sätze positiv formuliert sind. Also ohne Wörter wie »nicht«, »keine« oder »niemand«. Tragen Sie diesen Zettel eine Weile bei sich – als kleine Erinnerungshilfe.

Mit Ihrem neuen Lösungsdenkmuster fällt es Ihnen leichter, die Dinge zu erkennen, auf die Sie einen Einfluss haben, und diese Dinge zu ändern. Zum Beispiel Ihre Einstellung zum Thema Gehalt zu überdenken und anzupassen. Ihr Verhalten zu ändern und beispielsweise eine Weiterbildung zu machen. Oder Ihr Jobziel noch einmal zu überprüfen und einzelne Jobfaktoren (Branche, Position, Aufgabe, Arbeitsort, Arbeitszeit, Gehalt) entsprechend Ihrer aktuellen Realität und Ihren Möglichkeiten anzupassen.

Wie aufgeschlossen sind Sie gegenüber Diversität und Digitalisierung? In einer Welt im Wandel ist Offenheit eine zentrale Voraussetzung, um sich erfolgreich neu zu positionieren – und damit der fünfte wichtige Erfolgsfaktor.

OFFENHEIT

Offen zu sein für neue Erfahrungen hilft Ihnen dabei, in der VUCA-Welt besser klarzukommen. Arbeitgeber schätzen offene Mitarbeiter, die ohne Vorbehalte und Berührungsängste mit Menschen unterschiedlicher Kulturen und Generationen und mit neuer Technologie umgehen wollen und können. Wer im Laufe seines Berufslebens neugierig und interessiert bleibt an den Veränderungen in der Welt, an dem sind auch die Arbeitgeber interessiert. Genug Grund also, um unsere Offenheit gegenüber zwei Megatrends zu hinterfragen: Digitalisierung und Diversität.

Generation Y und Diversität

Arbeitsplätze sind heute global. Jeder muss lernen, das zu akzeptieren und mit Kolleginnen und Kollegen aus den unterschiedlichsten Kulturen und mit den unterschiedlichsten Hintergründen klarzukommen. In der Arbeitswelt 4.0 heißt das *Diversity* – die englische Bezeichnung für Vielfältigkeit. Die Offenheit dafür, diese Vielfalt zu akzeptieren, und die Fähigkeit, konstruktiv damit umzugehen, werden Ihnen dabei helfen, sich beruflich neu zu positionieren.

Ein Tipp vorweg: Prüfen Sie zuerst Ihre Haltung gegenüber Menschen anderer Ethnien, Kulturen und Religionen. Denken Sie generell wohlwollend und respektvoll über andere und äußern Sie sich niemals abwertend gegenüber Menschen, die Ihnen fremd sind. Wenn ein Arbeitgeber im Jobinterview die Diversität seiner Belegschaft anspricht, dann lassen Sie den Interviewer wissen, ob und, wenn ja, wo und wie Sie bereits mit unterschiedlichen Gruppen von Menschen gearbeitet haben. Denken Sie dabei sowohl an den beruflichen als auch an den privaten Kontext. Signalisieren Sie Ihre Offenheit dafür, in einer Umgebung der Vielfältigkeit arbeiten zu wollen und zu können.

Gegensätzliche Charaktere mussten ja schon immer versuchen, miteinander am Arbeitsplatz klarzukommen – Menschen unterschiedlicher kultureller Herkunft, extravertierte versus introvertierte Kollegen, unordentliche versus organisierte Teammitglieder, strategisch planende versus spontane Mitarbeiter. Zu diesem Mix können wir ruhig auch ältere versus jüngere Menschen zählen, mit ihren unterschiedlichen Lebens- und Lernstilen, Verhaltensweisen, Charaktereigenschaften, Problemen, Sorgen und Bedenken. Aufgrund des demografischen Wandels arbeiten immer mehr jüngere und ältere Menschen zusammen – oft haben sich die Rollen dabei umgekehrt. Jüngere sitzen im Vorstellungsgespräch als Entscheider am Tisch. Jüngere führen die Abteilung und Jüngere lenken die Geschicke der Firma. Wir Fünfziger müssen uns die Frage stellen, wie wir uns damit fühlen, wenn uns jemand, der unser Sohn oder unsere Tochter sein könnte, interviewt und darüber entscheidet, ob wir den Job bekommen.

Wenn wir den Job bekommen haben, müssen wir uns fragen, wie wir uns fühlen, mit Kollegen und Chefs, die 20 oder 30 Jahre jünger sind als wir, zusammenzuarbeiten und Anweisungen von ihnen entgegenzunehmen. Altersunterschied hat Auswirkungen – das ist nicht zu unterschätzen.

Fragen Sie sich, bevor Sie Ihre berufliche Neuorientierung beginnen, wie Sie im Arbeitskontext mit jemandem klarkommen werden, der

- vielleicht nur halb so alt ist wie Sie,
- mit 25 oder 30 Ihr Chef ist und Ihnen Anweisungen gibt,
- ein Genie am Computer ist,
- ein Profi im Umgang mit WhatsApp, Twitter, Facebook und Co. ist,
- jede neue Technologie willkommen heißt,
- vielleicht denkt, er weiß mehr als Sie,
- Sie als Elternfigur ansieht,
- endlose Energie und Einsatzfreude hat,
- nicht sein ganzes Leben um die Arbeit drehen lässt,
- keine Skrupel hat, nach kurzer Zeit die Firma zu wechseln,
- eher lässig gekleidet ist,
- denkt, dass Sie langsam und angestaubt sind,
- Sie so behandelt, als ob Sie die Arbeitswelt 4.0 nicht verstehen. (Ja, auch junge Leute haben Ihre Vorurteile gegenüber älteren – nicht nur wir ältere gegenüber jüngeren. Wenn wir uns das bewusst machen, können wir unsere Vorurteile hinterfragen und überprüfen und dadurch die Begegnung mit jüngeren Leuten positiv beeinflussen.)

Unsere Selbstwahrnehmung unterliegt da leider einer kleinen Verzerrung. Natürlich gehen wir davon aus, dass wir mit unseren 50,

55 oder mehr Jahren noch immer jung und dynamisch sind und voll im Trend liegen – genauso wie vor 20 oder 30 Jahren. Aber fragen Sie mal die jungen Menschen, ob sie uns wirklich so wahrnehmen. Gehen Sie einmal auf den Campus einer Universität, setzen Sie sich einige Zeit zwischen die jungen Studierenden und lassen Sie die Atmosphäre und die Gespräche auf sich wirken. Ich mache das in regelmäßigen Abständen – und das hilft mir dabei, meine Selbstwahrnehmung zu justieren.

Überbrücken Sie *proaktiv* die Generationenkluft. Antizipieren Sie, was auf Sie zukommen wird – recherchieren Sie ein wenig in Ihrem sozialen Umfeld und im Internet darüber, was die Jungen Wilden bewegt, was sie umtreibt und was für junge Menschen wichtig ist, zum Beispiel die Nutzung neuer Kommunikationstechnologien oder der Wunsch nach einer sinnstiftenden Tätigkeit, nach einer Synthese aus Leistung und Lebensgenuss – und zwar nicht erst in der Rente, sondern von Beginn an. So verkehrt ist das doch nicht, oder? Zu wissen, wie die Mehrheit der Menschen der Generation Y denkt, handelt, arbeitet und lernt, kann Ihnen dabei helfen, Ihre Offenheit zu entwickeln und sich leichter in einer Multi-Generationen-Umgebung zu integrieren. Es geht ja schließlich nicht um *Alt gegen Jung*, nicht um ein Gegeneinander, sondern um ein Miteinander und darum, aus Alt und Jung ein *Winning Team* zu machen.

Fragt Sie Ihr Gegenüber im Jobinterview, wie Sie in Teams mit Kollegen unterschiedlichen Alters arbeiten, dann lassen Sie erkennen, dass Sie auf Kooperation, Teamwork und Beziehungspflege setzen. Aber mehr dazu im Kapitel 5 *Der Masterplan 50 plus.*

Digitalisierung und neue Technik

Wer mit über 50 seinen Job verliert oder freiwillig geht, ist oft überrascht vom Ausmaß der Veränderungen auf dem Arbeits- und Bewerbungsmarkt. Ohne Computer geht es nirgendwo mehr. Sogar der kleinste Lebensmittelladen um die Ecke nutzt heute eine Computerkasse und die lokale Autowerkstatt verwaltet ihre Service- und Reparaturtermine mit Hilfe einer Kfz-Werkstattsoftware. Wir alle brauchen Computerkenntnisse am Arbeitsplatz – aber auch, um uns überhaupt bewerben zu können. Denn auch die Personalauswahl findet heute fast ausschließlich digital statt. *E-Recruiting-Systeme*, *Online-Testing* und *Skype-Interviews* sind ganz normal. Arbeitgeber suchen neue Mitarbeiter auf Onlinejobbörsen wie *Jobscout* und *Stepstone*, in Karrierenetzwerken wie *Xing* und *LinkedIn*, in sozialen Netzwerken wie *Facebook* und *Instagram*. Und *mobiles Recruiting* mittels Jobsuch-App und Smartphone ist der nächste digitale Trend.

Natürlich wird nichts so heiß gegessen, wie es gekocht wird. Auch heute geht es für Jobsucher im Prinzip *nur* darum, passende Stellenanzeigen zu finden, sich in der gewünschten Form zu bewerben, eine Einladung zum Bewerbungsgespräch zu erhalten, dort zu überzeugen und schließlich einen Arbeitsvertrag angeboten zu bekommen. Aber plötzlich sind Sie gezwungen, sich mit digitalen Technologien auseinanderzusetzen, um sich überhaupt bewerben zu können – und mit der jungen Generation Y zu konkurrieren, die wie selbstverständlich mit dieser Technik umgeht.

Da hilft es wenig, auf die alten Strategien zu vertrauen, eine Papierbewerbung zur Post zu bringen und positive Ergebnisse zu erwarten. Viele Fünfziger versuchen jedoch, mit der gleichen Vorgehensweise an ihre Jobsuche heranzugehen wie vor 20 oder 30 Jahren. Um Arbeitgeber heute überhaupt zu erreichen, müssen wir umdenken und umlernen. Und dieses Buch hilft Ihnen dabei.

Welche Antworten haben Sie bereits auf die folgenden Fragen?

- Sind Sie fit am Computer, mit Internet, E-Mail und Textverarbeitung?
- Kennen Sie die besten Onlinejobbörsen und können Sie diese auch bedienen?

- Wissen Sie, dass Google der neue Lebenslauf ist und was das für Sie und Ihre Neuorientierung bedeutet?
- Welche Karriere- und sozialen Netzwerke kennen Sie und inwieweit können Sie diese für Ihre Jobsuche nutzen?
- Welche Erfahrung haben Sie im Umgang mit Onlinebewerbungsplattformen und E-Recruiting-Systemen?
- Wissen Sie, wie sich heutige Bewerbungsunterlagen von den gestrigen unterscheiden?
- Kennen Sie die Kommunikationsregeln im Bewerbungsprozess in Zeiten von WhatsApp, Twitter, Facebook und Co.?
- Haben Sie Erfahrung mit Online-Testing: mit Persönlichkeitstests, Intelligenztests, Case-Studies etc.?
- Wurde mit Ihnen schon einmal ein Videointerview oder ein Skype-Interview geführt?

Keine Angst, wenn Sie zu diesem Zeitpunkt noch nicht auf alle Fragen eine beruhigende Antwort finden. An dieser Stelle ist es wichtig, eine zentrale Botschaft mitzunehmen:

Schließen Sie initiativ zur neuen digitalen Technologie auf. Zeigen Sie sich offen und lernbereit. Suchen Sie sich einen Mentor, vielleicht Ihre eigene Tochter oder der Sohn eines Freundes, und lassen Sie sich ein wenig dabei helfen, tiefer in die digitale Welt einzusteigen.

Im Kapitel 5 *Der Masterplan 50 plus* finden Sie alle Antworten auf Ihre offenen Fragen und erfahren, was Sie wissen müssen, um sich erfolgreich zu bewerben. Davor nehme ich Sie aber noch kurz mit hinter die Kulissen der Personalarbeit. Denn wer bei seiner beruflichen Neuorientierung erfolgreich sein will, muss wissen, wie Personaler ticken. Verstehen, wie die andere Seite denkt und handelt, ist der sechste Erfolgsfaktor auf Ihrem Weg zum neuen Job.

VERSTEHEN, WIE PERSONALER TICKEN

Eine der wichtigen Erfolgsregeln im Arbeits- und Berufsleben lautet: *Versuche immer erst den anderen zu verstehen, bevor du verstanden werden willst.* In Ihrer aktuellen Situation ist »der andere« der *Personalentscheider.* Was diese Erfolgsregel genau bedeutet, beschreibt die folgende kleine Geschichte, die sich tatsächlich so zugetragen haben soll, sehr anschaulich. Es geht darin um eine Kursänderung. Aber lesen Sie selbst.

Ein Kriegsschiff war über mehrere Tage bei stürmischem Wetter im Manöver auf See unterwegs. Die Sicht war schlecht. Es herrschte dichter Nebel. Ich war Matrose auf dem Kriegsschiff und der Kapitän befahl mir, ich solle auf der Brücke bleiben und Ausschau nach irgendwelchen Aktivitäten halten. Kurz nach Einbruch der Dunkelheit sah ich etwas und rief:

»Ein Licht steuerbord voraus, Kapitän.«

»Steht es still oder bewegt es sich achtern?«, fragte der Kapitän zurück.

Ich antwortete: »Steht still, Kapitän.« Was bedeutete, dass wir auf einem gefährlichen Kollisionskurs mit diesem Schiff waren.

Der Kapitän rief zum Funker: »Funken Sie dieses Schiff an: Wir sind auf einem Kollisionskurs, ich rate Ihnen, Ihren Kurs um 20 Grad zu ändern.«

Zurück kam der Funkspruch: »Ich empfehle Ihnen, Ihren Kurs um 20 Grad zu ändern.«

Der Kapitän sagte: »Sende: Ich bin Kapitän, ändern Sie Ihren Kurs um 20 Grad.«

»Ich bin Seemann zweiten Grades«, kam die Antwort prompt zurück, »ändern Sie besser Ihren Kurs um 20 Grad.«

Zu diesem Zeitpunkt wurde der Kapitän wütend. Er schrie heraus: »Sende, ICH BIN EIN KRIEGSSCHIFF, ÄNDERN SIE IHREN KURS UM 20 GRAD.«

Zurück kam: »Ich bin ein Leuchtturm.«

Wir änderten unseren Kurs.

(Stephen R. Coveys Rezeption der Anekdote vom Leuchtturm und einem Kriegsschiff aus den Anfängen der 1930er Jahre. Frei übersetzt aus Covey, S. R.: The Seven Habits of Highly Effective People, 1989)

Seit 20 Jahren bin ich in der Karriereberatung für Menschen in beruflichen Veränderungssituationen und in der Personalauswahl für Arbeitgeber tätig. In dieser Zeit ist mir eines ganz klar geworden: Arbeitgeber und Bewerber ticken total unterschiedlich. Ungefähr so unterschiedlich wie der Leuchtturmwärter und der Kriegsschiffkapitän. Gleichgültig, ob Arbeitgeber Mühe haben, Fachkräfte anzuwerben, weil es zu wenige davon gibt, oder ob sie Mühe haben, große Bewerbungsstapel zu sichten, weil sich auf manche Stellen (immer noch) zu viele Leute bewerben – eines müssen Sie wissen: Neue Mitarbeiter auszuwählen ist immer mit viel Aufwand und einem hohen Risiko verbunden. Deshalb gehen Personaler nach bestimmten Regeln vor, wenn sie eine Stelle besetzen. Sie wollen das Risiko einer Fehlentscheidung minimieren und sich die Arbeit erleichtern. Versuchen Sie, diese Regeln zu verstehen und flexibel darauf einzugehen. Es bringt nichts, sich im Recht zu fühlen und stur zu bleiben – denn sonst laufen Sie im schlimmsten Falle einfach auf. Nach welchen sechs Regeln Personaler Ihre Arbeit machen, das erfahren Sie jetzt.

Arbeitgeber wollen Kosten, Zeit und Arbeit sparen

Auch wenn wir uns wünschen, dass Arbeitgeber genauso hinter uns her sind, wie wir hinter ihnen – das ist leider nicht so. Arbeitgeber betreiben nur genau so viel Aufwand wie unbedingt nötig und wünschen sich, dass wir die Initiative ergreifen. Für uns Fünfziger ist das sogar eine Chance, denn wir können bereits sehr früh im Bewerbungsprozess zeigen, dass wir agil sind, indem wir zum Beispiel anrufen (vgl. Kapitel *Die Kunst des Pitchens*).

Arbeitgeber wollen kein Risiko eingehen

Die Arbeitsmärkte boomen. Überall herrscht Fachkräftemangel. Und doch werden sich Arbeitgeber nur dann für einen Bewerber entscheiden, wenn sie sich zumindest ziemlich sicher sind, dass es mit ihm in einer Anstellung funktioniert. Um das Risiko einer Fehlentscheidung zu minimieren, arbeiten sie nach dem Prinzip: »*Was ich kenne, macht mich sicher.*« Sie schauen sich zunächst interne Bewerber an. Das heißt, sie prüfen Menschen, die sie kennen oder die jemand kennt, den sie kennen, da sie diese bezüglich ihrer Arbeitseinstellung und ihrer Arbeitsleistung besser einschätzen können. Hier kommen Ihr *soziales Kapital* und damit Ihre persönlichen Kontakte ins Spiel. Denn einer der erfolgreichsten Wege zur beruflichen Neupositionierung ist es, jemanden zu kennen, der jemanden kennt ... Mehr dazu lesen Sie im Abschnitt *Soziales Kapital nutzen.*

Personalauswahl heißt: »Finde die, die du eliminieren kannst«

Personalauswahl funktioniert leider nicht nach dem Prinzip »*Finde den, den du einstellst*«, sondern nach dem Prinzip »*Finde die, die du eliminieren kannst*«. Aus einer mehr oder weniger großen Zahl an Bewerbungen wird immer nur ein kleiner Teil der Bewerber zu einem Jobinterview eingeladen. Deshalb zielt der erste Blick eines Personalers immer darauf, wer aussortiert werden kann, um den Stapel an Bewerbungen auf eine handhabbare Größe zu reduzieren. Als Regel gilt: Im Zweifel wird gegen den Bewerber entschieden. Zweifel entstehen bereits dann, wenn Sie mit Ihrer Bewerbung unnötig viel Arbeit oder Unsicherheit verursachen. Ein Unternehmen stellt keine Arbeitsverursacher und auch keine Risikofaktoren ein. Hier liegt Ihre Chance. Wenn Sie wissen, worauf der Personaler achtet, können Sie diese Details in Ihren Unterlagen hervorheben. Welche Punkte das sind, lesen Sie im Abschnitt *Die Bewerbungsunterlagen – ohne geht es (noch) nicht.*

Personaler sprechen eine eigene Sprache

Personaler und Bewerber sprechen zwei unterschiedliche Sprachen. Von der Stellenanzeige über das Jobinterview bis zum Arbeitsvertrag entstehen deshalb oft Missverständnisse. Das kann uns viel Zeit und im Zweifelsfall sogar unsere Jobchance kosten. Als Bewerber wünschen wir uns, dass sich Arbeitgeber aus dem, was wir anbieten, das heraussuchen, was sie brauchen. Doch das machen Arbeitgeber nicht. Bewerber, die in ihren Unterlagen und ihren Antworten im Jobinterview nicht präzise auf die Anforderungen des Arbeitgebers eingehen, werden aussortiert. Die Herausforderung für uns Fünfziger besteht darin, eine Verbindung zwischen unserem eigenen Hintergrund und dem Bedarf des Arbeitgebers herzustellen. Die Frage lautet: »*Was von dem, das der Arbeitgeber braucht, habe ich zu bieten, und wie kommuniziere ich das so präzise, dass er es auch versteht?*« Eine Antwort auf diese Frage finden Sie in den Kapiteln *Stellenanzeigen richtig lesen*, *Die Kunst des Pitchens*, *Die Bewerbungsunterlagen – ohne geht es (noch) nicht* und *Das Vorstellungsgespräch – die Kunst der Selbstpräsentation.*

Personaler nutzen alle zugänglichen Informationen

Bewerber über 50 denken häufig, dass nur die vergangene Performance, zusammengefasst in einem umfangreichen Lebenslauf, für die Auswahl zählt. Aber Personaler nehmen das ganze aktuelle (Bewerbungs-)Verhalten von der ersten Interaktion bis zur letzten als Grundlage für eine Auswahlentscheidung. Sobald einem potenziellen Arbeitgeber Ihr Name bekannt ist, zählt alles, was Sie tun oder lassen, beziehungsweise alles, was Sie getan oder gelassen haben – und was davon im Internet Spuren hinterlassen hat. Google ist der neue Lebenslauf. Wann haben Sie sich zuletzt gegoogelt? Im Abschnitt *Alles online – oder was?* erfahren Sie mehr über dieses wichtige Thema.

Personaler arbeiten digital

In der Personalarbeit läuft heute nichts mehr ohne Computer und nichts mehr offline. Der Megatrend heißt auch hier Digitalisierung. Bei der Stellenbesetzung gehen mittlerweile schon über 90 Prozent aller Bewerbungen über E-Recruiting-Systeme, Onlinebewerbungsportale oder per E-Mail beim Personaler ein. Es wird immer mehr auf *Big Data* und *People Analytics* gesetzt, um passende Mitarbeiter zu finden. Onlinetests werden zur Kandidatenvorauswahl eingesetzt. Und selbst das Jobinterview wird teilweise schon als Videointerview digitalisiert. Wenn Bewerber 50 plus einen Job finden wollen, müssen sie online sein und wissen, wie man digital clever vorgehen kann (vgl. Kapitel *Zwei Millionen offene Stellen – aber wo?*, *Alles online – oder was?* und *Das Vorstellungsgespräch – die Kunst der Selbstpräsentation*).

Big Data, People und Predictive Analytics
Big Data bezeichnet eine große Mengen von Daten, die aus unterschiedlichen Bereichen wie zum Beispiel Internet, Mobilfunk, Finanzindustrie, Energiewirtschaft, Gesundheitswesen und Verkehr und aus verschiedenen Quellen wie beispielsweise intelligenten Agenten, sozialen Medien, Kredit- und Kundenkarten, Assistenzgeräten, Überwachungskameras sowie Flug- und Fahrzeugen stammen und die mit spezieller Software gespeichert, verarbeitet und ausgewertet werden können. Die Ergebnisse der Analysen relevanter Daten werden unter anderem auch in der Personalauswahl dazu genutzt, um aus Bewerberverhalten in der Vergangenheit auf zukünftiges Verhalten und zukünftigen Berufserfolg zu schließen (People und Predictive Analytics). Ziel ist es, Entscheidungsprozesse zu optimieren.

Jetzt kennen Sie die sechs wichtigsten Regeln der Personalauswahl. Alles, was Sie tun können, um einem zukünftigen Arbeitgeber bereits im Bewerbungsprozess Arbeit abzunehmen und Sicherheit zu vermitteln, wird Ihre Chance auf einen neuen Job deutlich erhöhen. Was das im Detail ist und wie Sie vermeintliche Schwächen mit über 50 in Stärken umwandeln können, das erfahren Sie im nächsten Kapitel 5 *Der Masterplan 50 plus.* Damit können Sie Ihre persönliche Erfolgsstrategie entwerfen.

5. DER MASTERPLAN 50 PLUS

Sich auf dem Arbeitsmarkt zu behaupten bedeutet nicht: Ich verliere nie meinen Job, bin nie arbeitslos und wenn doch, dann habe ich persönlich versagt. Sondern schlicht: Ich bin imstande, einen neuen Job zu finden. Auch wenn das mit 50 plus schwerer ist als mit 30 – es ist möglich. In diesem Kapitel erfahren Sie alles, was Sie wissen müssen, um es zu schaffen. Sie erfahren, warum die Zeit für Menschen über 50 eine besondere Rolle spielt, und wie Sie Ihre Zeit gut nutzen. Sie entdecken, was sich hinter der Abkürzung *K.s.p.s.v.* verbirgt und lernen damit eine weitere Erfolgsstrategie 50 plus kennen. Sie werden verstehen, wo und welche Arbeitgeber nach Ihnen suchen – ja, nach Ihnen, den Arbeitskräften 50 plus – und wie Sie aktiv Kontakt aufnehmen können. Sie lernen Stellenanzeigen zu decodieren und Bewerbungsunterlagen präziser zu formulieren. Sie lernen auch die Kunst des *Pitchens* und der Selbstpräsentation kennen und erfahren, warum es nach dem Jobinterview noch nicht vorbei ist.

Da es immer gut ist, eine Lösung zu haben, wenn anscheinend nichts funktioniert, schließe ich den zweiten Teil des Buches mit dem Abschnitt *Plan B.* Ihr *Mastermindset* haben Sie bis hierher bereits entwickelt. Entwerfen Sie jetzt Ihren *Masterplan 50 plus* und starten Sie durch.

DIE ZEIT IST IHR FREUND

»*Ohne Arbeit*« kann eine unübersichtliche Situation sein. Sie müssen viele Dinge gleichzeitig beachten. Ihre Existenz sichern, den Vorschriften der Agentur für Arbeit, der Kranken- und Rentenversicherung gerecht werden, die Angelegenheiten mit Ihrem Ex-Arbeitgeber regeln, sich gut überlegen, was jetzt werden soll, und bei alle dem auch noch verstehen, was eigentlich passiert ist – und emotional damit klarkommen. Bei einer beruflichen Neuorientierung müssen Sie eigentlich alles auf einmal beachten und viele Dinge gleichzeitig machen. Das fällt Ihnen spätestens dann auf, wenn Sie eine passende Stellenanzeige entdecken und sich darauf bewerben wollen.

Haben Sie das Unternehmen zum Beispiel angerufen, bevor Sie Ihre Unterlagen verschicken wollen? Wissen Sie, wie Sie am Telefon erfolgreich *pitchen* können? Sind Ihre Bewerbungsunterlagen überhaupt schon *up to date*, bevor Sie anrufen wollen – damit Sie nach dem Telefongespräch zügig reagieren können? Verfügen Sie über ein aktuelles, professionelles Bewerbungsfoto und eine digitalisierte Bewerbungsmappe für Ihre Onlinebewerbung? Haben Sie die Stelle auch gut ausgesucht? Wissen Sie, welche Gehaltsvorstellungen für den Job marktüblich sind? Spätestens jetzt wird Ihnen auffallen, wie viele Dinge wichtig sind, um eine wirklich gute Bewerbung auf den Weg zu bringen, mit der Sie überhaupt eine realistische Chance haben.

Für alle diese Dinge brauchen Sie Zeit. Zeit, die Sie eigentlich haben, die Sie sich jetzt aber selbst einteilen müssen. Für die meisten Menschen ist das eine Herausforderung. Wenn die zeitliche Struktur der Arbeit fehlt, fehlt oft auch der Arbeitsrhythmus. Viele staunen nach einigen Wochen nicht schlecht, wie viele Monate schon vergangen sind, ohne dass sich etwas getan hat. Dann setzt oft eine leichte Panik ein – leider zu Recht. Denn für Jobsucher über 50 gilt immer noch ein *Arbeitsmarktgesetz*. Fachkräftemangel hin oder her.

So lange Sie drin sind, ist alles okay. Aber wenn Sie draußen sind, kommen Sie nur schwer wieder hinein. Je länger der letzte Job zurückliegt, das heißt, je länger die Phase einer Nicht-Erwerbstätigkeit dauert, desto geringer ist die Chance auf einen vergleichbaren neuen Job.

Ich schreibe das so deutlich, nicht um Sie zu verunsichern, sondern um Sie zu aktivieren. Nutzen Sie Ihre Zeit von Anfang an effektiv und effizient. Sie werden mit über 50 ohnehin länger brauchen, um einen neuen Job zu finden. Sie werden mehr Bewerbungen schreiben und mehr Absagen verkraften müssen, als Sie das aus jüngeren Jahren kennen. Und die Zeit wird schneller vergehen, als Ihnen das lieb ist. Beachten Sie: »*Ohne Arbeit*« ist nicht Urlaub. Geben Sie Gas. Nicht bei der Zielfindung. Zu definieren, was Sie wollen, das heißt, Ihr Jobziel festzulegen ist eine Grundvoraussetzung für den Erfolg. Auch nicht bei der Verarbeitung Ihrer Gefühle. Eine Antwort auf die Frage, was passiert ist und warum, ist ebenso grundlegend für Ihre beruflich Neuorientierung. Aber bei fast allen anderen Punkten ist es sinnvoll, schnell loszulegen. Sonst rennt Ihnen die Zeit davon, obwohl Sie vermeintlich viel davon haben – und dann wird die Lücke immer größer.

Zeitplan

In der Karriereberatung frage ich deshalb zu Beginn oft: »*Wann wollen (oder müssen) Sie wieder in Arbeit sein?*« Danach richtet sich der Aktivitätsgrad, das heißt, wie intensiv Sie an Ihrer beruflichen Neupositionierung arbeiten müssen. Bedenken Sie, dass eine Stellenbesetzung in einem mittelgroßen Unternehmen mehrere Wochen bis Monate dauern kann.

Dauer einer Stellenbesetzung

Laut einer Studie des Instituts für Arbeitsmarkt- und Berufsforschung (IAB, 2018) dauert es im Schnitt in Deutschland 85 Tage, bis eine Stelle besetzt ist. Je höher die Anforderung an den Bewerber ist, desto länger dauert die Personalsuche. Bei ungelernten Arbeitskräften vergehen im Schnitt rund 50 Tage, bei Akademikern dauert es mehr als doppelt so lange. Für die repräsentative Erhebung befragten die Forscher des IAB 13 000 Betriebe. Die Befragung wird seit rund 25 Jahren regelmäßig durchgeführt.

Bedenken Sie, dass Ihre Vorbereitungen bis zur ersten Bewerbung ebenso einige Wochen, manchmal sogar Monate in Anspruch nehmen können. Je nachdem wie lange Sie für die emotionale Verarbeitung Ihrer Situation benötigen. Je nachdem wie lange es dauert, bis Sie ein passendes Jobziel definieren können. Je nachdem wie viel Zeit Sie brauchen, um Ihr Bewerbungs-Know-how aufzufrischen und Ihre Unterlagen komplett zusammenzustellen. Und je nachdem wie lange eine eventuelle Weiterbildung dauert, die Sie, um Ihr neues Jobziel zu erreichen, noch absolvieren müssen.

Geben Sie sich von Anfang an eine klare Struktur. Erstellen Sie einen Zeitplan. Behalten Sie den Rhythmus der Arbeitswelt bei. Nutzen Sie die bekannten Zeitgeber als Fixpunkte: Tag und Nacht, Frühstück, Mittagessen und Abendbrot, Montag bis Freitag und dann Wochenende. Behalten Sie auch Ihre Freizeitaktivitäten und Ihre sozialen Kontakte bei. Aus drei Gründen sind soziale Kontakte gerade jetzt wertvoll. Wenn Sie sich zum Beispiel im Verein oder in der Gemeinde ehrenamtlich engagieren, haben Sie eine sinnvolle Abwechslung zur Bewerbungsarbeit und kommen unter Menschen. Es fällt Ihnen dadurch leichter, Ihre Zeit einzuteilen, und in einem Jobinterview haben Sie eine gute Antwort auf die Frage »*Was machen Sie aktuell?*« Wer hier lediglich antwortet »*Arbeit suchen*«, der punktet wenig.

Erstellen Sie sich zusätzlich eine kleine Übersicht Ihrer Ziele. Das *Hauptziel* lautet: einen Job finden, zum Beispiel im Customer Service mit einem Jahresgehalt von circa 48 000 Euro. Die *Unterziele*, die dafür notwendig sind, lauten:

1. Definieren Sie die Branchen, Positionen, Aufgaben, Arbeitsorte, Arbeitszeitmodelle und Ihre Gehaltsvorstellungen.
2. Werten Sie Ihre übertragbaren Fähigkeiten und Ihre persönlichen Eigenschaften aus.
3. Bringen Sie die Anforderungen für Ihr Jobziel in Erfahrung.
4. Entwerfen Sie einen maßgeschneiderten Lebenslauf und ein passendes Anschreiben für Ihr Jobziel.
5. Führen Sie systematische Onlinejobsuchen durch, nutzen Sie Karrierenetzwerke, aktivieren Sie persönliche Kontakte, gehen Sie auf Personalevents.
6. Starten Sie Ihre Bewerbungsaktion, dokumentieren Sie Ihre Aktivitäten und halten Sie Ihre Bewerbungen telefonisch nach.
7. Verbessern Sie Ihr professionelles Image, indem Sie zum Friseur und vielleicht sogar zum Stilberater gehen und sich neue Kleidung kaufen.

Sie können Ihre Übersicht auch grafisch darstellen und über Ihrem Schreibtisch zu Hause aufhängen (siehe Abbildung 4).

Haben Sie bereits ein Gefühl für die Zeit und die Etappenziele, die jetzt vor Ihnen liegen? Zeichnen Sie sich einen Zeitstrahl. Markieren Sie darauf den heutigen Tag. Überlegen Sie, wann Sie wieder in Arbeit sein wollen (oder müssen). Tragen Sie nun die üblichen Ferienzeiten ein – also Ostern, Pfingsten, Sommer- und Herbstferien und die Weihnachtszeit. Und nun übertragen Sie Ihre Unterziele und notieren Sie einzelne Etappen, bis wann Sie welches dieser Unterziel erreichen wollen.

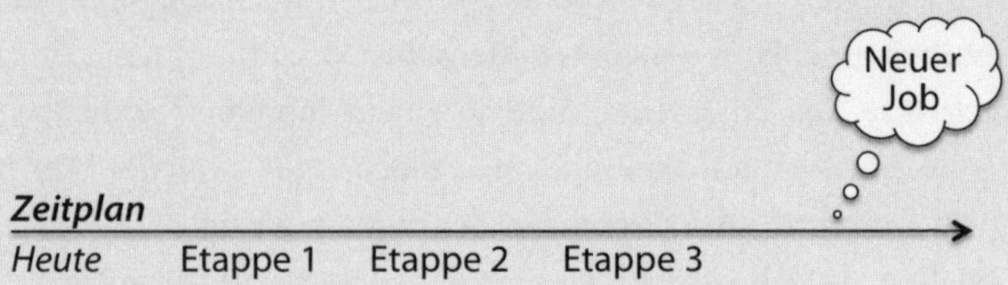

Abbildung 3: Zeit-Ziele-Plan

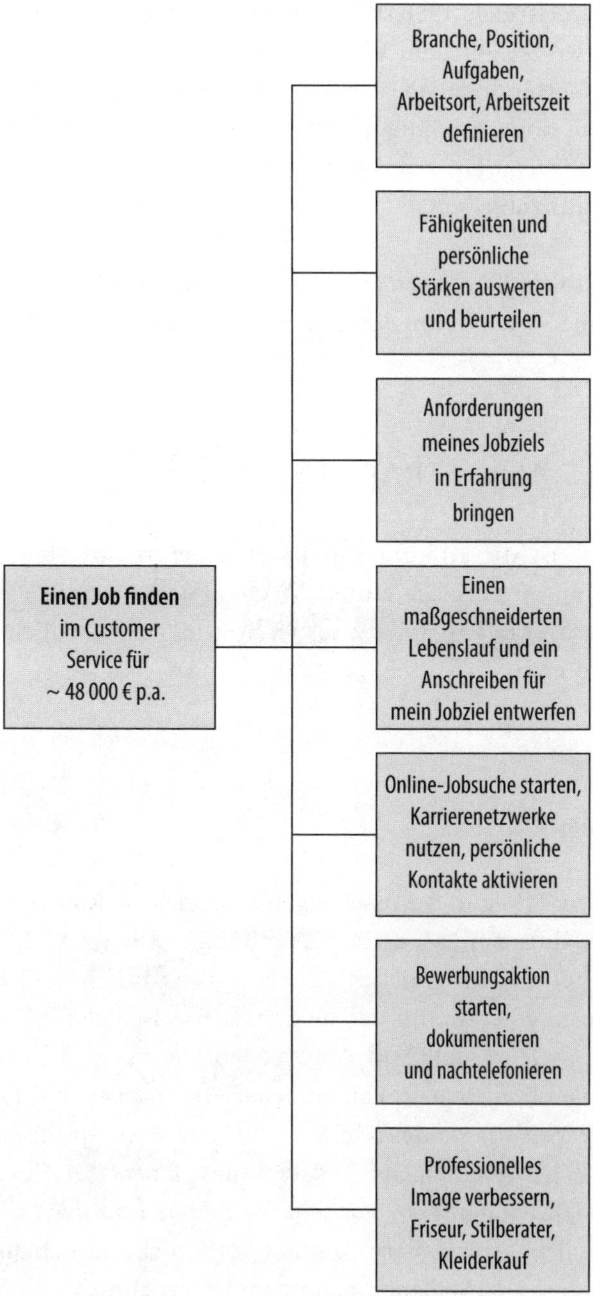

Abbildung 4: Zieleübersicht

So ein Zeit-Ziele-Plan hilft Ihnen voranzukommen. Er zeigt Ihnen, wo Sie auf dem Weg zum neuen Job stehen, und schafft damit Verbindlichkeit. Gerade in Phasen, in denen Sie über Wochen hinweg wenig positives Feedback von Arbeitgebern erhalten, wirkt ein Zeit-Ziele-Plan motivierend und hilft Ihnen dabei dranzubleiben.

Ihren Projektplan haben Sie damit geschrieben. Jetzt brauchen Sie noch eine Strategie, um erfolgreich loszulegen.

DIE K.S.P.S.V.-STRATEGIE

K.s.p.s.v. ist die Abkürzung für eine der wichtigsten Erfolgsstrategien 50 plus. Sie lautet: Machen Sie *konsequent* und *systematisch parallel schnell* und *viel* – um sich beruflich neu zu positionieren.

Aktionsplan

Zwischen Erfolg und Misserfolg entscheidet die *Konsequenz*, mit der Sie Dinge tun. Menschen über 50, die erfolgreich Arbeit finden, gehen mit der gleichen Konsequenz an ihre berufliche Neuorientierung heran, mit der sie normalerweise jeden Morgen zur Arbeit gehen und acht Stunden arbeiten. Sie wissen, dass sie mit 50 plus länger brauchen, um einen neuen Arbeitgeber zu finden, und dass die Zeit für sie deshalb eine wichtige Rolle spielt. Sie geben ihrem Leben eine eigene Zeitstruktur, planen ihre Tages- und Wochenaktivitäten *systematisch*. Sie nehmen *parallel* mit *vielen* potenziellen Arbeitgebern Kontakt auf – nicht nacheinander. Sie wissen, dass eine Stellenbesetzung im Unternehmen viele Wochen lang dauern kann. Deshalb fangen sie *schnell* an zu handeln und sie machen *viel*, um ihre Lebens- und Arbeitssituation neu zu sortieren. Sie gehen gar nicht erst in eine Schonhaltung. Sie jammern nicht, sie jagen. Sie meckern nicht, sie machen. Sie hoffen nicht, sie handeln.

Wir dürfen nicht unterschätzen, dass uns etwas, das wir lange nicht mehr gemacht haben, mehr herausfordert, mehr anstrengt und mehr Zeit kostet, als die Dinge, die wir täglich tun. Wann mussten Sie sich zuletzt bewerben? Wann sich in einem Jobinterview zuletzt selbst präsentieren? Prüfen Sie anhand der folgenden Checkliste, ob Sie bereits startklar sind.

Verfügen Sie über einen Computer mit Internetanschluss und die Fähigkeit, damit umzugehen? Haben Sie Ihre Arbeitszeugnisse und Zertifikate vollständig als Kopie auf Papier und als Scan digital zur Hand? Wie sieht es mit einem aktuellen und aussagekräftigen Lebenslauf aus? Und wie steht es um Ihr professionelles und aktuelles Bewerbungsfoto – das auf dem deutschen Bewerbungsmarkt immer noch Standard ist? Verfügen Sie über eine Vorlage für ein individuelles Bewerbungsanschreiben? Existiert ein aktuelles Profil in einem Karrierenetzwerk – bevorzugt Xing für den deutschen und LinkedIn für den internationalen Jobmarkt? Steht Ihr 30-Sekunden-Pitch, um sich Arbeitgebern telefonisch kurz vorzustellen? Wie schlüssig haben Sie Ihre Antworten auf knifflige Fragen im Jobinterview vorbereitet?

Das alles können Sie zügig vorbereiten, um damit konsequent und systematisch sowie parallel und schnell an viele Arbeitgeber heranzutreten.

Checkliste »Startklar für die Aktionsphase«		
1.	Ich weiß, was passiert ist und warum, und habe das auch verarbeitet. Meine Wechselstory ist wasserdicht.	
2.	Ich habe mein Jobziel definiert – ich kenne meine sechs Jobfaktoren.	
3.	Ich habe Zugang zu einem PC mit einem Textverarbeitungsprogramm (Word) sowie einen Internetanschluss und einen Drucker – und ich kann auch damit umgehen.	
4.	Ich habe alle Ausbildungs-, Studien- und Arbeitszeugnisse und alle relevanten Weiterbildungszertifikate eingescannt. (PDF-Datei mit max. 2 MB Dateigröße)	
5.	Ich habe meinen Lebenslauf auf maximal zwei Seiten ansprechend und aussagekräftig erstellt. Gegebenenfalls habe ich zusätzlich einen *Onepager* formuliert. (Ein Onepager ist ein einseitiges Profil, in welchem alle wichtigen Daten zusammengestellt und ansprechend layoutet werden. Einen Onepager verwendet man in Deutschland bei Kurzbewerbungen und bei initiativen Bewerbungen. International hat der Onepager den mehrseitigen Lebenslauf bereits vielerorts abgelöst.)	
6.	Ich verfüge über ein professionelles und aktuelles Bewerbungsfoto.	
7.	Ich habe eine Vorlage für ein Bewerbungsanschreiben erstellt, das ich für jeweilige Bewerbungen lediglich noch anpassen muss.	
8.	Ich habe mir ein aktuelles Profil in einem Karrierenetzwerk (Xing) angelegt.	
9.	Ich habe meinen 30-Sekunden-Pitch erarbeitet und geübt.	
10.	Ich habe mir Gedanken zu kniffligen Fragen in einem Jobinterview gemacht und weiß, was ich darauf antworten kann.	

Selbst wenn Sie voller Elan und perfekt vorbereitet an die Jobsuche gehen, kommt es bei fast allen zu Phasen, in denen die Selbstmotivation schwerfällt und sich der innere Schweinehund meldet. Dann schaffen wir es kaum, mit derselben Power dranzubleiben, obwohl wir es doch wirklich wollen. Hier helfen fünf einfache Schweinehund-Tipps.

Den inneren Schweinehund überwinden

Wenn Sie zwischendrin durchhängen, der Frust sich meldet und Sie spüren, wie der Antrieb langsam nachlässt, dann motivieren Sie sich selbst, indem Sie die folgenden fünf Schweinehund-Tipps beherzigen.

1. Das große Ziel unterteilen: Teilen Sie Ihr großes Ziel der beruflichen Neupositionierung in kleine, machbare Teilziele ein. Diese Unterziele sollten spezifisch, messbar und realistisch formuliert und terminiert sein. Zum Beispiel statt *»Ich bewerbe mich morgen«* besser *»Ich suche morgen in der Onlinejobbörse www.indeed.de zwei Stunden lang nach passenden Stellenanzeigen. Mein Ziel ist es, mindestens drei brauchbare Ausschreibungen zu finden und mich darauf zu bewerben.«* Orientieren Sie sich an Ihrem Zeitplan. So können Sie Ihre Energie besser einteilen. Kleine umsetzbare Ziele sind viel motivierender. Sie können jeden Tag ein kleines Ziel abhaken, sobald Sie es erreicht haben.

2. Das Handeln ritualisieren: Machen Sie die Dinge regelmäßig und immer gleich. Planen Sie detailliert Ihren Tages- und Wochenablauf. Zum Beispiel: Montag- und Mittwochmorgen Stellenrecherche in Onlinejobbörsen. Montag- und Mittwochnachmittag Recherche auf Firmenhomepages und Vorbereitung für die Kontaktaufnahme mit Firmenvertretern. Dienstag- und Donnerstagmorgen Ersttelefonate mit Ansprechpartnern in den Firmen. Dienstag- und Donnerstagnachmittag Bewerbungsunterlagen fertigstellen und bewerben. Bauen Sie eine Bewerbungsroutine auf, dann läuft die Arbeit fast wie von selbst.

3. Fangen Sie an, bevor Sie anfangen: Wenn Sie für jede Onlinestellensuche erst den Computer aus dem Schrank holen oder den Schreibtisch aufräumen müssen, werden Sie sich damit schwertun, regelmäßig, effektiv und effizient nach Arbeit zu suchen. Richten Sie sich einen Arbeitsplatz ein, an dem Sie ungestört arbeiten können.

Das haben Sie doch auch im letzten Job genauso gemacht. Ein vorbereiteter und aufgeräumter Arbeitsplatz wirkt einladend und aktivierend.

4. Belohnen Sie sich: Belohnen Sie sich immer dann, wenn Sie ein Teilziel erreicht haben. Mit einem guten Tee am Abend, einem Spaziergang, einem spannenden Buch, einem schönen Film im Kino oder einem netten Gespräch mit Freunden bei einem gemeinsamen Abendessen. Wenn Sie während der täglichen Bewerbungsarbeit an etwas denken, auf das Sie sich freuen, arbeiten Sie schneller und lieber.

5. Suchen Sie sich Unterstützer: Glauben Sie mir, für alles, was Sie selbst nicht haben oder können, gibt es jemanden, den Sie kennen und der Sie unterstützen kann. Sie wissen es vielleicht noch nicht oder nicht mehr, dass es diese Menschen in Ihrem Umfeld gibt. Überlegen Sie einmal, wen Sie kennen, und gehen Sie auf diese Menschen aktiv zu. Das können Ex-Kollegen sein, die ebenfalls gekündigt haben oder denen gekündigt wurde und die sich in einer ähnlichen Situation befinden wie Sie. Im Familien- und Freundeskreis gibt es Menschen, die Sie unterstützen werden. Aber auch bei öffentlichen Institutionen, wie zum Beispiel der Volkshochschule, wo Sie kostenfrei das Internet nutzen und Kurse belegen können, finden Sie Unterstützung.

Mit Ihrem Zeitplan und der *K.s.ps.v.*-Strategie sind Sie gut gerüstet, um loszulegen. Aber wissen Sie auch, wo sich die offenen Stellen auf dem Arbeitsmarkt verstecken und wie Sie die Firmen finden, die Arbeitskräfte 50 plus willkommen heißen?

ZWEI MILLIONEN OFFENE STELLEN – ABER WO?

Laut Statistischem Bundesamt (www.destatis.de) waren im ersten Quartal 2018 über 1 000 000 offene Stellen gemeldet. Laut Studien des Instituts für Arbeitsmarkt- und Berufsforschung (www.iab.de) existieren fast noch einmal so viele Stellen auf dem verdeckten Arbeitsmarkt – Stellen also, die ohne eine öffentliche Ausschreibung besetzt werden. Das heißt, es gibt da draußen rund zwei Millionen Stellen, die auf Sie warten. Da Arbeitgeber mittlerweile mehr als 90 Prozent aller offenen Stellen auf der firmeneigenen Homepage und in den Onlinejobbörsen (auch die der Agentur für Arbeit) ausschreiben, müssen Sie auch mit über 50 die Fähigkeit beherrschen, diese Online-Tools zu bedienen. Die Zeiten, in denen Sie Samstagmorgens bei einer Tasse Kaffee die Zeitung durchgeblättert haben, um nach Jobangeboten zu suchen, sind vorbei. Printmedien spielen heute eine untergeordnete Rolle. Auf den nächsten Seiten erfahren Sie, wie Sie Stellen online finden und wie Sie diese Stellenanzeigen richtig lesen.

Wie Sie online Stellenanzeigen finden

Ob Controller, Maschinenbediener oder Architekt, ob Sie in einem kleinen Ingenieurbüro, bei einem Mittelständler oder in einem großen Krankenhaus arbeiten wollen, Arbeitgeber suchen unter Berücksichtigung der Besetzungskosten, der Besetzungszeit und dem Besetzungsrisiko sowohl auf dem internen Arbeitsmarkt, das heißt im eigenen Unternehmen, als auch auf dem externen Arbeitsmarkt nach geeigneten Kandidaten. Interne Stellenausschreibungen sind Ihnen in der Regel nicht zugänglich, da Sie keine Informationen über firmeninterne Aushänge erhalten. Hier werden Ihre persönlichen Kontakte relevant – und Ihre Eigeninitiative. Darüber erfahren Sie mehr in den Abschnitten *Soziales Kapital nutzen* und *Initiative ergreifen*. Konzentrieren wir uns jetzt auf den externen Arbeitsmarkt.

Zur Veröffentlichung einer freien Stelle nutzen Arbeitgeber unterschiedliche Rekrutierungswege. Sie schalten Stellenanzeigen auf ihrer eigenen Homepage und in verschiedenen Onlinejobbörsen, melden offene Stellen bei der Agentur für Arbeit und sie lassen sich von Personalvermittlungen und Zeitarbeitsfirmen dabei unterstützen, ihre Stellen zu besetzen.

Die drei Onlinerekrutierungswege der Arbeitgeber

Laut Recruiting Trends (2016) nutzen nahezu alle Arbeitgeber das Internet, um die richtigen Mitarbeiter zu finden. Dabei suchen sie zwar generell nach Mitarbeitern aller Qualifikationsstufen selbst via Stellenanzeigen auf der eigenen Homepage und in den Onlinejobbörsen, sie lassen sich aber auch von der Agentur für Arbeit, von Personalvermittlungen und von Zeitarbeitsfirmen unterstützten. Zeitarbeitsfirmen und auch die Arbeitsagentur suchen im Auftrag häufig Mitarbeiter im weniger qualifizierten gewerblichen Helferbereich und im Bereich einfacher kaufmännischer Sachbearbeitung. Personalvermittlungen suchen im Auftrag von Arbeitgebern hingegen Mitarbeiter für höher qualifizierte Fach- und Führungsaufgaben. Je nachdem zu welcher Qualifikationsstufe Sie sich zählen, sind neben Unternehmensanzeigen also auch Stellenanzeigen von Personalvermittlern, Zeitarbeitsfirmen oder der Agentur für Arbeit für Sie interessant.

85 Prozent aller Bewerbungen gehen bei Arbeitgebern in elektronischer Form über E-Recruiting-Systeme, Onlinebewerbungsportale und E-Mails ein (Quelle: Recruiting Trends 2016). Arbeitgeber versuchen mittlerweile, alle Arbeitsschritte vor einem persönlichen Jobinterview zu digitalisieren. Je größer und bekannter ein Arbeitgeber, desto sicherer werden Sie dazu aufgefordert, sich über ein E-Recruiting-System oder ein Onlinebewerbungsportal zu bewerben. Als Bewerber 50 plus müssen Sie das wissen, wenn Sie bei der Jobsuche erfolgreich sein wollen.

Relevante Onlinejobbörsen 50 plus

Um Ihre zukünftige Stelle zu finden, können Sie viele verschiedene Onlinejobbörsen nutzen. Treffen Sie jedoch von Anfang an eine sinnvolle Auswahl und verwenden Sie lediglich eine Handvoll davon, um den Überblick nicht zu verlieren und sich die Arbeit zu erleichtern. Sie brauchen schließlich nicht möglichst viele verschiedene Jobbörsen (auf denen oft die gleichen Jobs zu finden sind) und möglichst viele Stellenausschreibungen, die nicht passen, sondern die richtigen Jobangebote.

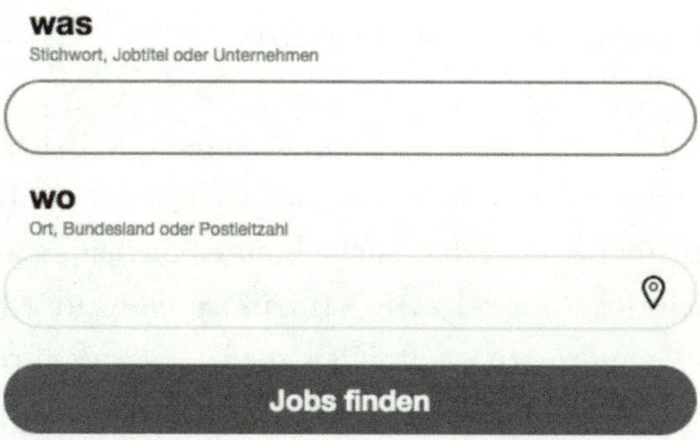

Abbildung 5: Jobsuchmaschine

Drei Kategorien von Jobbörsen lassen sich unterscheiden:

1. Die spezifischen Jobbörsen für Fachkräfte über 50 oder für Gelegenheitsjobs für ältere Arbeitnehmer. Zum Beispiel die Onlinejobbörse des Bundesverbands Initiative 50 plus www.job-server.net oder www.jobnetzwerk-50 plus.de.
2. Die speziellen Stellenbörsen für Jobangebote in Ihrem Berufsfeld. Im technischen Bereich zum Beispiel www.ingenieurscout.de, www.ingenieurjobs.de oder www.ingenieur.de. Für Naturwissenschaftler, Mediziner, Informatiker und Ingenieure sind zum Beispiel www.jobvector.de oder www.t5-karriereportal.de eine gute Quelle.
3. Die allgemeinen Jobbörsen wie www.indeed.de, www.kimeta.de, www.stepstone.de und www.monster.de. Aktuell sind diese vier

Jobbörsen die besten Portale im Netz und auch sehr gut für Jobsucher über 50 geeignet.

Eine einfache Methode, um die für Sie relevanten Onlinejobbörsen zu finden, ist Google. Geben Sie folgende Suchbegriffe ein: den Begriff »Job«, dann wonach Sie suchen, zum Beispiel »Vertrieb« oder » 50 plus« und schließlich noch den Ort, an dem Sie arbeiten wollen, zum Beispiel »Lübeck«. So finden Sie schnell weitere für Sie relevante Jobbörsen.

Wie Sie Onlinejobbörsen effektiv nutzen

Die meisten Jobbörsen sind recht simpel aufgebaut. In der einfachen Eingabemaske werden Sie lediglich nach »*Job*«, »*Ort*« und »*Umkreis*« gefragt. Bei einer erweiterten Suche können Sie häufig auch Angaben zum »*Suchzeitraum*«, zum »*Arbeitsbeginn*«, zur »*Arbeitszeit*« und »*Anstellungsart*«, zu eventuellen »*Befristungen*«, zur »*Branche*« und »*Betriebsgröße*« sowie zum »*Umfang der Führungsverantwortung*« machen. Je präziser Sie Ihre Angaben definieren, desto passender sind die Stellenangebote, die Sie finden werden. Führen Sie doch gleich mal eine erste kleine Onlinestellensuche durch.

Geben Sie unter »*Job*« Ihre Berufsbezeichnung ein. Beispielsweise Controller, Vertriebsmitarbeiter, Marketingassistent, Bankkaufmann, Jurist, Pressereferent, Elektromeister, Krankenpfleger, Redakteur, Buchhändler, Produktionsleiter, Industriekaufmann, Heizungsinstallateur, Projektmanager, Küchenfachberater, Qualitätsbeauftragter, Ingenieur et cetera. Verwenden Sie immer die männliche Schreibform. Auch das Internet tickt noch ziemlich maskulin. Schauen Sie in Ihren alten Arbeitsverträgen oder Arbeitszeugnissen, wie Ihre jeweilige Position lautete. Unter »*Ort*« tragen Sie Ihren gewünschten Arbeitsort ein und bei »*Umkreissuche*« gehen Sie zunächst einmal auf 50 oder mehr Kilometer. Dann klicken Sie auf »*Jobs finden*«.

Wie viele Treffer haben Sie? In aller Regel finden Sie bei der aktuellen Arbeitsmarktsituation gleich mehr als ein Jobangebot. Wenn das nicht der Fall ist, können Sie bei der gesuchten Arbeitstätigkeit (*»Job«*) mit den Suchbegriffen spielen. Statt Ihrer Berufsbezeichnung suchen Sie dabei nach Funktionen wie etwa kaufmännischer Sachbearbeiter, Assistenz oder Key Account Manager. Oder Sie wählen als Suchbegriffe Fähigkeiten, wie zum Beispiel übersetzen, verkaufen, reparieren oder bedienen. Sie können auch Ihre Methodenkenntnisse eingeben, beispielsweise *SAP* (für Kaufleute aller Art), *CAD* (für Ingenieure und Konstrukteure), *C++* (für IT-Fachleute und Programmierer) oder *HOAI* (für Bauingenieure und Architekten).

Suchen Sie in den Onlinejobbörsen aber nicht nur nach passenden Stellenanzeigen. Hinterlegen Sie auch Ihren Lebenslauf und lassen Sie sich per E-Mail über die für Sie passenden Jobangebote informieren. Wie Sie dabei genau vorgehen, wird in den Onlinejobbörsen sehr gut erklärt. Viele Onlineportale bieten heute neben einer Jobsuchfunktion und der Möglichkeit, sich über passende Stellenanzeigen per E-Mail informieren zu lassen, außerdem umfangreiche Informationen zu den Themen Karriere und Bewerbung, Bewerbungsanschreiben, Musterlebensläufe, Gehaltscheck, Tipps für das Jobinterview und Karrierechats zu allen möglichen Themen – mittlerweile auch mit dem für Sie interessanten Fokus 50 plus. Entwickeln Sie eine aktive Suchhaltung und ergänzen Sie Ihr Bewerbungs-Know-how. Prüfen Sie dabei jedoch jedes Mal sehr genau, wer welche Informationen wo online stellt und wie qualitativ hochwertig diese sind. Nicht alles, was Sie online finden, ist es auch wert zu lesen, geschweige denn umzusetzen.

Die Qualität von Onlinejobbörsen

Onlinestellenbörsen sind in den vergangenen Jahren technisch besser und in der Handhabung einfacher geworden. Frühere Kritikpunkte wie mangelnde Aktualität und nicht auf die Suchanfrage passende Ergebnisse werden durch technische Entwicklung laufend optimiert. Dennoch kommt es vor, dass Sie auf eine Ihrer Suchanfragen einen unpassenden Stellenvorschlag erhalten oder eine Stellenanzeige nicht mehr aktuell ist. Die Qualität Ihrer Treffer hängt stark von der Präzision Ihrer Suchbegriffe und der Brauchbarkeit Ihrer online gestellten Unterlagen ab. Es ist entscheidend, die eigene Qualifikation so zu beschreiben, dass ein suchendes Unternehmen auch die Chance hat, Sie zu finden.

Verwenden Sie Begrifflichkeiten, die in Ihrer Zielbranche und in Ihrer Zieltätigkeit gebräuchlich sind. Wer im Marketing arbeiten will, muss den Begriff Marketing sowohl in den Jobsuchmasken als auch in den eigenen Unterlagen benutzen und nicht einfach die Berufsbezeichnung Diplom-Betriebswirt angeben. Verwenden Sie aussagekräftige Schlagwörter wie SAP, Controlling, Sales/Vertrieb, CAD, Energie, Maschinen- und Anlagenbau oder Informationstechnologie.

Führen Sie sich immer vor Augen, dass das Internet mit seinen Suchmaschinen eine Maschine ist, die nicht denken kann und keine Gefühle hat. Bei Millionen von Suchanfragen und eingestellten Profilen je Onlinejobbörse und mehr als 100 000 Onlinebewerbungen bei großen Unternehmen jährlich kann die Suche nach bestimmten Fähigkeiten nur noch maschinell in einer Datenbank erfolgen. Ihre Daten werden in einem elektronischen Bewerbungsstapel nur dann gefunden, wenn Sie Ihre zentralen Qualifikationen richtig beschreiben und benennen. Schon ein Rechtschreibfehler oder ein an einer falschen Stelle gesetzter Haken kann genügen und Sie fallen durch das elektronische Raster. Deshalb müssen Sie in der Onlinewelt sehr systematisch und präzise vorgehen.

Es geht nicht darum, möglichst viele Bewerbungen zu schreiben oder möglichst hart zu kämpfen – sondern darum, den für Sie richtigen Job bei dem für Sie passenden Arbeitgeber zu finden. Halten Sie deshalb die Augen offen für Arbeitgeber, die Arbeitskräfte über 50 willkommen heißen. Das sind häufig kleinere und mittelständische Unternehmen, inhabergeführte Firmen und Familienunternehmen und öffentliche Verwaltungen. Diese Arbeitgeber haben es aufgrund des Fach- und Führungskräftemangels, aufgrund der räumlichen Lage und durch das oft niedrigere Gehaltsgefüge schwerer, ihre Stellen zu besetzen, und sind deshalb offener gegenüber Arbeitskräften 50 plus.

Prüfen Sie auf den Homepages der für Sie in Frage kommenden Firmen, ob es sich um 50-plus-freundliche Arbeitgeber handelt. Das erkennen Sie anhand entsprechender Beschreibungen der Unternehmenskultur oder an Auszeichnungen wie zum Beispiel der »Top Job«-Auszeichnung für außergewöhnlich gute Arbeitgeber (www.top-arbeitgeber.de). Lesen Sie auch in Arbeitgeberbewertungsportalen, beispielsweise unter www.kununu.de nach, wie ein Unternehmen als Arbeitgeber von älteren Bewerber und Mitarbeitern bewertet wird. So können Sie nach und nach ein Gefühl dafür entwickeln, welche Arbeitgeber für Sie als über 50-Jähriger und für Ihr Berufsfeld beziehungsweise Ihr berufliches Ziel interessant sind.

Wie Sie Stellenanzeigen decodieren

Egal welchen Rekrutierungsweg ein Unternehmen wählt, die Stellenanzeige ist nach wie vor das klassische Instrument der Mitarbeitersuche. Deshalb müssen Sie eine Stellenanzeige decodieren können, um einzuschätzen, ob sich eine Bewerbung lohnt. Wie das funktioniert, erfahren Sie jetzt.

Eine Stellenanzeige informiert Sie über fünf Punkte:

1. über das Unternehmen, die Branche und das Geschäftsfeld.
2. über die Position, die Aufgaben und die Verantwortung.
3. über die Anforderungskriterien, das heißt die gewünschten fachlichen und persönlichen Voraussetzungen, die Sie mitbringen sollen.
4. über den Arbeitsort, die Arbeitszeit und eventuelle Befristungen (manchmal auch über die Gehaltsstufe, wenn es sich um eine Stelle im öffentlichen Dienst handelt).

5. über die gewünschte Art der Kontaktaufnahme und den geforderten Inhalt Ihrer Bewerbungsunterlagen.

Anhand dieser Angaben können Sie einschätzen, ob der beschriebene Arbeitsplatz Ihrem Jobziel und Ihren Jobfaktoren entspricht und ob Sie den Anforderungen gewachsen sind. In den meisten Anzeigen wird die »Eierlegende Wollmilchsau« gesucht. Sie kennen das: Studium mit Prädikatsexamen abgeschlossen, Auslandserfahrung, langjährige Berufserfahrung, Sprachen- und Computerkenntnisse, Teamfähigkeit, Belastbarkeit, Flexibilität – und das alles natürlich »für unser junges und dynamisches Team«. Lassen Sie sich davon nicht abschrecken, sondern prüfen Sie mit kühlem Kopf, welche der Anforderungskriterien Sie erfüllen und welche nicht. Denn eines müssen sie wissen: Die meisten Punkte in Stellenanzeigen sind verhandelbar. Wenn Sie die Muss-Kriterien erfüllen, dann lässt sich über die Kann-Kriterien reden. Sie müssen es nur tun – mit dem Personaler reden. Aber dazu später mehr.

Muss-Kriterien erkennen Sie anhand zwingender Formulierungen wie: »Sie verfügen über ein Studium der Rechtswissenschaften«, »Verhandlungssichere Englischkenntnisse werden vorausgesetzt«, »Ein Führerschein der Klasse B ist zwingend erforderlich«, »Vorausgesetzt wird die Bereitschaft zu umfangreichen Dienstreisen«. Diese Kriterien sollten Sie weitgehend erfüllen, um eine Chance auf eine Einladung zum Jobinterview zu haben.

Kann-Kriterien sind weich formuliert. Sie erkennen Sie an Formulierungen wie: »Idealerweise verfügen Sie über Kenntnisse weiterer europäischer Verkehrssprachen«, »SAP-Kenntnisse sind von Vorteil« oder »Wünschenswert ist eine hohe Affinität zur IT-Branche«. Über die Kann-Kriterien kann man reden.

Sie haben im ersten Teil des Buchs Ihre Fähigkeiten und persönlichen Eigenschaften und Ihr Jobziel mit Ihren sechs Jobfaktoren definiert. Suchen Sie jetzt einige dazu passende Stellenanzeigen.

Markieren Sie darin die Aufgaben, Fähigkeiten und persönlichen Eigenschaften, die gefordert werden. Und jetzt schätzen Sie sich einmal selbst ein – auf einer Skala von 0 = überhaupt nicht vorhanden bis 10 = vollkommen vorhanden: Wie umfangreich sind Ihre Erfahrungen in den beschriebenen Aufgaben, wie gut beherrschen Sie die geforderten Fähigkeiten und wie stark ausgeprägt sind bei Ihnen die gewünschten Persönlichkeitseigenschaften? In einem zweiten Schritt schauen Sie Ihre Schul-, Ausbildungs-, Studien- und Arbeitszeugnisse an und prüfen, wie Sie von Dritten eingeschätzt wurden. Und danach fragen Sie auch Ihren Partner oder Ihre Partnerin, Freunde oder Ex-Kollegen und Ex-Chefs nach einer Einschätzung Ihrer Person, Ihrer Fähigkeiten und Ihrer Erfahrungen.

Treffen Sie eine realistische Selbsteinschätzung. Wenn Ihnen dazu weitere Informationen fehlen, dann rufen Sie den Personaler des Unternehmens an und klären ab, ob Ihre Bewerbung für beide Seiten lohnenswert ist. Rufen Sie wirklich an! Es ist allemal besser, in einem persönlichen Telefongespräch herauszufinden, inwieweit die Stelle und Sie zusammenpassen, als sich gar nicht erst zu bewerben. Bereiten Sie sich auf so einen Anruf jedoch sehr gut vor. Es ist wichtig, davor genau abzugleichen, was der Arbeitgeber an Qualifikationen, Fähigkeiten, Eigenschaften und Erfahrungen fordert und was davon Sie mitbringen. Im Telefongespräch geht es darum, kurz und präzise zu fragen, ob eine Bewerbung überhaupt sinnvoll ist, obwohl Sie das eine oder andere Anforderungskriterium nicht erfüllen. Wie Sie bei einem solchen Anruf genau vorgehen, erfahren Sie im Abschnitt *Anrufen, Anrufen, Anrufen*.

Sich auf eine Stellenanzeige zu bewerben stellt den klassischen Weg bei der Jobsuche dar. Diesen Weg kennen Sie. Neu ist allenfalls die Handhabung der digitalen Technik. Gehen wir jetzt einen Schritt weiter und schauen uns den Nutzen eines Karrierenetzwerks an.

XING UND CO. – SICH VON ARBEITGEBERN FINDEN LASSEN

Nutzen Sie bereits die Möglichkeiten des World Wide Webs, um sich zusätzlich zu Ihrer eigenen Stellensuche von Arbeitgebern auch finden zu lassen? Und wissen Sie, wie Sie dabei vorgehen? Machen Sie sich sichtbar – in einem Karrierenetzwerk wie Xing oder LinkedIn. Viele Personaler suchen mittlerweile aktiv im Netz nach guten Köpfen. Und Sie können diese Onlineplattform nutzen, um sich potenziellen Arbeitgebern zu präsentieren. In Deutschland wird das berufliche Netzwerk Xing von Arbeitgebern, Personalvermittlern und Zeitarbeitsfirmen am häufigsten frequentiert. LinkedIn spielt für den internationalen Jobmarkt eine größere Rolle. Verfügen Sie bereits über ein Profil bei Xing und Co.?

Wenn Sie noch kein Kurzprofil bei Xing eingestellt haben, sollten Sie das heute noch tun. Eine Basismitgliedschaft ist kostenfrei. Wenn Sie unsicher sind, wie Sie Xing am besten nutzen, geben Sie in Ihre bevorzugte Suchmaschine, zum Beispiel Google, einfach ein: »*Wie nutze ich Xing optimal*«. Sie sind nicht der Erste, der danach sucht, und Sie werden zahlreiche clevere Tipps finden. Deshalb nenne ich hier nur einige Basics. Füllen Sie jedes einzelne Eingabefeld aus. Lassen Sie kein Feld leer und halten Sie Ihr Kurzprofil *up to date*. Prüfen Sie regelmäßig, inwieweit Ihre Angaben noch aktuell sind, denn es gibt nichts Unprofessionelleres als ein veraltetes Profil.

Ein Xing-Profil erstellen

Um bei Xing anzufangen, können Sie die folgenden fünf Punkte beachten:

Ein Foto ist zwingend erforderlich. Ohne Foto klicken die meisten Personaler weiter. Bei dem Foto sollte es sich um ein professionelles Bewerbungsfoto handeln, das Sie in angemessener Kleidung mit Ihrem Kopf und Ihren Schultern zeigt und natürlich gut ausgeleuchtet und gestochen scharf ist.

Das Eingabefeld »Jobbezeichnung«: Dies sollten Sie nutzen, um Ihren aktuellen (oder letzten) Jobtitel einzutragen. Wenn der nicht dem entspricht, was Sie suchen, können Sie dahinter, durch einen Schrägstrich abgetrennt, den Titel schreiben, der Ihrem Ziel eher entspricht.

Schlüsselbegriffe: Verwenden Sie in allen Rubriken – von oben nach unten, angefangen von *»Ich biete«* über *»Ich suche«*, *»Berufserfahrung«*, *»Ausbildung«*, *»Qualifikation«* bis ganz unten zentrale Begriffe, nach denen die Suchmaschinen potenzieller Arbeitgeber das Netz durchforsten. Machen Sie sich dadurch auffindbar. Welche Begriffe das sind? Die Begriffe, die eine Schnittmenge zwischen Ihren Fähigkeiten und den Anforderungen Ihrer Wunscharbeitgeber bilden.

Vollständige und sinnvolle Angaben: Achten Sie darauf, dass die Informationen, die Sie geben, vollständig und sinnvoll sind und der Wahrheit entsprechen. Alle Daten müssen mit Ihren Angaben im Lebenslauf übereinstimmen. Ansonsten bekommen Sie ein Problem, wenn ein Personaler Sie bittet, Ihren Lebenslauf einzuschicken.

Achtung Privatsphäre: Persönliches zu zeigen kann hilfreich sein. Privates zu zeigen ist tabu! Xing ist ein berufliches Netzwerk. Achten Sie auch darauf, wer welche Inhalte Ihres Xing-Profils sehen darf. Den Schutz der Privatsphäre können Sie unter *Einstellungen* vornehmen.

Damit Personaler Ihr Profil finden können, auch wenn Sie nicht mit Ihnen verbunden sind, müssen Sie unter *Einstellungen → Privatsphäre → Profileinstellungen* auf jeden Fall zwei Häkchen setzen. Einmal bei »Mein Portfolio ist sichtbar für: alle Mitglieder« und auch bei »Mein Profil darf in Suchmaschinen auffindbar sein«. Unter *Einstellungen → Privatsphäre → Allgemeine Einstellungen* sollten Sie ein Häkchen setzen bei »Nachrichten schreiben dürfen: alle Mitglieder« und bei »Meine Beiträge in öffentlichen Gruppen können in Suchmaschinen gefunden werden«. Wenn Sie sich zusätzlich auch mit interessanten Gruppen vernetzen und regelmäßig interessante Beiträge erstellen, machen Sie sich dadurch noch sichtbarer, steigern Ihren Xing-Wirkungsgrad und werden von Arbeitgebern, Personalvermittlern und Zeitarbeitsfirmen leichter gefunden.

Die Onlinehürde

Die beiden beschriebenen Wege – die Onlinestellensuche und die Nutzung eines Karrierenetzwerks – sollten Sie aktiv und systematisch einsetzen, um erstens selbst Stellenanzeigen zu finden und zweitens von Arbeitgebern, die Ihre spezifischen Fähigkeiten suchen, gefunden zu werden. Jetzt kommt allerdings der Pferdefuß. Durch Ihre Profilangaben in einem der Karrierenetzwerke, aber auch durch Ihre Angaben in Ihrer Bewerbung auf Onlineplattformen und in E-Recruiting-Systemen ist es einem Arbeitgeber ganz offensichtlich, dass Sie keine 30 mehr sind. Hier setzen die Bedenken der Arbeitswelt gegenüber Bewerbern 50 plus ein – auch wenn es keiner zugibt (zugeben darf), werden Bewerber über 50 häufig aussortiert. Die Gründe dafür kennen Sie aus dem Abschnitt *Realitätssinn*.

Wie können Sie da jemals zu einem Jobinterview vordringen, wenn Sie herausgefiltert werden, bevor sich ein Mensch aus Fleisch und Blut mit Ihnen beschäftigt? Über Sinn und Unsinn einer digitalisierten und hoch automatisierten Personalauswahl müssen wir hier nicht diskutieren. Aber an der Realität kommen wir nicht vorbei. Deshalb sollten Sie sich nicht nur darauf verlassen, dass eine Ihrer Onlinebewerbungen oder Ihr Onlineprofil bei Xing zum gewünschten Erfolg führt.

Über 50 müssen Sie mehr tun, um sich beruflich neu zu positionieren. Suchen Sie erstens auf jeden Fall aktiv nach Arbeitgebern, die Bewerber und Mitarbeiter 50 plus willkommen heißen. Dazu gehören nicht unbedingt große Unternehmen und Konzerne, sondern vielmehr kleinere, oft inhabergeführte mittelständische Unternehmen. Dazu gehören auch nicht zwingend die Hightech-Industrien und Forschungsinstitute, sondern eher produzierende Unternehmen und Arbeitgeber in der Dienstleistungs-, Gesundheits- und Sozialbranche sowie im öffentlichen Dienst. Machen Sie einen Unterschied, wem Sie Ihre Bewerbungen senden. Dann sparen Sie sich eine Menge Frust. Und zweitens sollten Sie einen der erfolgreichsten Wege zum neuen Arbeitsplatz nutzen: Ihre persönlichen Kontakte. Diese Kontakte sind Ihr Kapital – nutzen Sie diese. Wie Sie dabei vorgehen, das erfahren Sie jetzt.

SOZIALES KAPITAL NUTZEN

Es lohnt sich, Bekannten zu erzählen, dass Sie eine Arbeit suchen, denn fast jede dritte Stelle wird heute über persönliche Beziehungen vermittelt. Informelle Empfehlung heißt das: »Du suchst einen Job? Frag doch mal bei uns.« Deshalb gilt: Wer eine Arbeit sucht oder den Arbeitsplatz wechseln möchte, der sollte dies möglichst vielen Menschen mitteilen: Kollegen, Bekannten, Freunden. Das empfehlen auch die Forscher des Instituts für Arbeitsmarkt- und Berufsforschung (IAB).

»Nur gut sein« reicht mit 50 plus nicht aus

»Nur« gut zu sein und seine Bewerbungsunterlagen an möglichst viele Arbeitgeber zu schicken, reicht mit über 50 nicht aus, um sich erfolgreich neu zu positionieren. Viele, die so vorgehen, machen es sich sehr viel schwerer, als sie es haben müssten. Erfolgreiche Jobsucher 50 plus nehmen an einem anderen Spiel teil. Sie überfluten den Arbeitsmarkt nicht mit Lebensläufen in der Hoffnung, dass ihnen ein Arbeitgeber die Chance zu einem Jobinterview gibt. Sie vernetzen sich. Sie schicken dem Freund eines Freundes eine E Mail, damit sie ganz bestimmt die verdiente Aufmerksamkeit bekommen. Sie bitten einen ehemaligen Vorgesetzten, alte Studienfreunde anzurufen oder den ehemaligen Kollegen, sich einmal umzuhören. Manchmal ist es wichtiger, Glück zu haben, als gut zu sein. Und die richtigen Beziehungen sind oft besser als beides zusammen. In manchen Branchen wie der Banken- oder Pharmawelt und für manche Positionen in den Leitungsebenen der Firmen sind die richtigen Beziehungen alles.

Wirtschaftswissenschaftler haben einen Begriff für dieses Phänomen. Sie nennen es *»soziales Kapital«*. Der Begriff steht für die Netzwerke von Menschen und Institutionen, die uns umgeben, die uns mit den richtigen Leuten verbinden und die sicherstellen, dass wir wertvolle Informationen und gute Chancen erhalten. Unser soziales Kapital hat einen nicht zu unterschätzenden wirtschaftlichen Wert. Wenn wir keine Kontakte haben, sind wir auf uns allein gestellt. Soziales Kapital ist überall. Diejenigen, die es zu nutzen wissen, kommen voran. Diejenigen, die es nicht tun, haben mit 50 plus im Wettlauf um die Jobs das Nachsehen. Das bedeutet nicht, dass Ihre bisherigen beruflichen Erfolge, Ihre Unterlagen oder das Jobinterview selbst irrelevant sind. Natürlich sind diese Dinge wichtig. Aber Ihr soziales Kapital ist enorm wertvoll, um überhaupt ins Spiel zu kommen.

Und es gibt nur eine Möglichkeit, das soziale Kapital zu nutzen: Sie müssen persönliche Netzwerke aufbauen – am besten bevor Sie sie brauchen – und Sie müssen die Leute aktiv anfragen – wenn Sie sie brauchen. Wenn Sie jetzt gerade denken *»Oh, Mist. Ich habe überhaupt kein Netzwerk«*, dann möchte ich Sie beruhigen. Denn jeder von uns hat einen mehr oder weniger großen Familien-, Freundes- und Bekanntenkreis. Jeder von uns kennt Menschen aus dem bisherigen Arbeitsleben, die wiederum jemanden kennen, der jemanden kennt. Es geht gar nicht darum, sich besonders oft in Businesskreisen aufzuhalten und die Geschäftsführer der Topunternehmen vor Ort persönlich zu kennen – auch wenn das natürlich nicht schadet. Es geht darum zu überlegen, wen Sie seit wann woher und wie gut kennen und wie derjenige Ihnen weiterhelfen kann.

> Überlegen Sie an dieser Stelle einmal systematisch, wen Sie kennen und seit wann und woher Sie denjenigen kennen. Wie intensiv ist der Kontakt? Inwiefern kann er oder sie Ihnen aktuell weiterhelfen? Überlegen Sie auch, wie Sie die jeweiligen Leute jetzt ansprechen können. Erstellen Sie sich eine Liste mit Excel oder auf Papier, um einen Überblick zu bekommen.

Sie werden staunen, was sich mit Ihrem persönlichen Netzwerk – ganz egal wie groß oder klein es ist – bewegen lässt. Ein Stein bringt oft den anderen ins Rollen. Ein Kontakt führt häufig zum anderen. Sobald Sie einen *heißen* Kontakt zu einem Unternehmen haben, können Sie Ihre vorbereiteten Bewerbungsunterlagen aktiv einsenden. Warum das besonders mit 50 plus so viel erfolgreicher ist, als sich *kalt*, ohne Kontakt, auf eine Stellenanzeige zu bewerben? Erinnern Sie sich an die zweite Regel der Personalauswahl (vgl. *Verstehen, wie Personaler ticken*)? Arbeitgeber sind bei der Personalauswahl hauptsächlich durch das hohe Risiko einer Fehlentscheidung beunruhigt. Wird ein Bewerber eingestellt und klappt es nicht mit ihm, entstehen dem Arbeitgeber mit dieser Fehlentscheidung oft Kosten in Höhe von bis zu einem Jahresgehalt der zu besetzenden Stelle. Eine Fehlbesetzung im Management kostet sogar leicht bis zum Dreifachen des Jahresgehalts der Führungskraft. Bei einer so riskanten Entscheidung wollen Personaler auf Nummer sicher gehen.

Die einfache Faustformel gegen diese Unsicherheit lautet: *Was uns vertraut ist, macht uns sicher, was uns fremd ist, macht uns Angst.* Uns allen geht es so, nicht nur dem Personaler. Prüfen Sie sich einmal selbst: Würden Sie lieber zu einem wildfremden Hausarzt gehen, den Sie in den Gelben Seiten gefunden haben, oder zu einem, der Ihnen von einem guten Freund empfohlen wurde? Arbeitgeber versuchen eine Stelle wann immer möglich mit jemandem zu besetzen, den Sie persönlich kennen und einschätzen können. Ist das nicht möglich, schauen sie erst danach, wer ihnen jemanden empfehlen kann. Erst dann schauen sie sich eingehende Bewerbungen an. Die Bedeutung persönlicher Kontakte und Empfehlungen nimmt in Zeiten der Digitalisierung sogar noch zu. Wenn Sie Ihre Bewerbungsunterlagen über einen Kontakt in ein Unternehmen geben, dann spielen Ihr Alter und die gängigen Bedenken erst einmal eine untergeordnete Rolle.

Ich möchte Ihnen jetzt noch zwei weitere Methoden für die Jobsuche vorstellen, die besonders für Menschen über 50 wichtig sind, um überhaupt an Arbeitgeber heranzukommen und um die Bedenken auf Arbeitgeberseite auszuräumen: Ergreifen Sie die Initiative, gehen Sie auf Kongresse, Messen und andere Events und bewerben Sie sich auch initiativ bei potenziellen Arbeitgebern.

INITIATIVE ERGREIFEN

Jobsucher über 50 neigen dazu, auf die gleiche Art und Weise einen neuen Job zu suchen, wie sie das schon vor 20, 30 Jahren gemacht haben. Sie versenden ihre Bewerbungsunterlagen auf mehr oder weniger passende Stellenanzeigen. Wenn keine Stellen zu finden sind, dann bewerben sie sich nicht. Trotz Fachkräftemangel reicht das mit über 50 nicht aus, um sich beruflich neu zu positionieren. Das wissen Sie bereits und nutzen deshalb schon zwei weitere Weg: Ihr Xing-Profil, um sich von Arbeitgebern finden zu lassen, und Ihr soziales Kapital, um über Empfehlungen persönlicher Kontakte an Arbeitgeber heranzukommen. Doch Sie können noch mehr tun, um Ihre Chancen auf eine der rund zwei Millionen offenen Arbeitsstellen zu steigern. Bewerben Sie sich initiativ für die nicht veröffentlichten Stellen auf dem verdeckten Arbeitsmarkt. Gehen Sie aktiv auf potenzielle Arbeitgebern zu – am besten natürlich auf diejenigen, die Mitarbeiter 50 plus willkommen heißen.

> ***Der verdeckte Arbeitsmarkt***
> Wissen Sie, warum so viele Stellen von Arbeitgebern nicht veröffentlicht werden? Das hat zwei Gründe: erstens Personalfluktuation und zweitens voraussichtlicher Personalbedarf. Mitarbeiter kommen und gehen, sie sind auf dem Arbeitsmarkt immer in Bewegung. Frau Müller wird zum Beispiel schwanger und geht in Elternzeit. Herr Huber tritt vielleicht überraschend in den Vorruhestand ein. Frau Schmidt kündigt und zieht von Köln zu ihrem Freund nach Berlin. Herr Meier wird krank, schwerer krank und fällt ganz aus. Und manche Menschen sterben einfach. Zusätzlich werden in Unternehmen immer wieder neue Projekte ins Leben gerufen, für die in einem absehbaren Zeitraum neue Mitarbeiter gebraucht werden. Mit einer Initiativbewerbung treffen Jobsucher 50 plus bei Arbeitgebern proaktiv, also bevor eine Stellenanzeige geschaltet wird, genau diesen Bedarf.

Zusätzlich können Sie auch die für Sie relevanten Kongresse, Messen und andere Personalevents besuchen. Damit zeigen Sie Arbeitgebern, dass Sie agil sind und proaktiv, antizipativ und initiativ agieren, um sich neu zu positionieren.

Initiativbewerbung

Ihr Jobziel und die sechs Jobfaktoren *Arbeitsort*, *Arbeitszeit*, *Gehalt*, *Branche*, *Position* und *Aufgaben* sind die Fixpunkte für die Initiativbewerbung. Orientieren Sie sich bei Ihrer Firmenrecherche daran und gehen Sie wie folgt dabei vor:

Die Firmenliste: Recherchieren Sie innerhalb Ihres Mobilitätsradius um Ihren Wohnort nach potenziellen Arbeitgebern. Achten Sie dabei besonders auf Unternehmen in den Branchen, die Sie bereits kennen und in denen Sie vielleicht sogar schon einmal gearbeitet haben. Achten Sie auch darauf, inwieweit Firmen auf ihrer Homepage aktiv damit werben, offen für Bewerber über 50 zu sein. Sie erkennen das unter anderem an einem *Employer Branding* wie der Auszeichnung »*Great Place to Work*«. (Unter *Employer Branding* versteht man eine unternehmensstrategische Maßnahme, bei der Konzepte aus dem Marketing angewandt werden, um ein Unternehmen insgesamt als attraktiven Arbeitgeber darzustellen.) Recherchieren Sie ganz direkt nach 50plus-freundlichen Arbeitgebern. Dann legen Sie sich eine Firmenliste an, mit allen Arbeitgebern in Ihrem Mobilitätsradius und in den für Sie passenden Branchen. Auf Ihrer Liste sollten mindestens 50 Firmen stehen – besser mehr.

Die Aktion: Prüfen Sie, ob die jeweiligen Firmen auf Ihrer Liste aktuell zufällig sogar eine passende Stelle auf ihrer Homepage ausgeschrieben haben oder explizit die Möglichkeit der Initiativbewerbung anbieten – was die allermeisten Firmen heutzutage machen. Dann heißt es auf dem von der Firma gewünschten Initiativbewerbungsweg aktiv werden und dem Personaler zeigen, dass es Sie gibt. Bei Initiativbewerbungen spielt die Anzahl der Bewerbungen eine große Rolle. Es gilt: Je mehr initiative Kontakte Sie in kurzer Zeit machen, desto schneller werden Sie wieder eine Anstellung finden Hierfür benötigen Sie wie schon erwähnt *perfekte* Bewerbungsunterlagen in digitaler Form.

Kongresse, Personalmessen und andere Personalevents

Bei der Jobsuche 50 plus lautet eine Erfolgsregel ganz simpel: Sie müssen in den persönlichen Kontakt mit einem potenziellen

Arbeitgeber gehen, um ihn von sich und von Ihren Fähigkeiten zu überzeugen. Das kann schwer werden, wenn Sie sich lediglich auf Stellenanzeigen oder initiativ bewerben oder nur Ihr Profil bei Xing online stellen. Über eine direkte Kommunikation gelingt das leichter, denn wenn Sie einem Personaler empfohlen werden, dann schaut der zunächst über Ihr Alter hinweg.

Eine weitere gute Möglichkeit, um den Altersfilterprozess erst einmal zu umgehen, sind Rekrutierungsevents, Personalmessen und Kongresse für erfahrene Fach- und Führungskräfte, wie Sie es sind. Geben Sie einmal die Stichworte *Recruiting Event* oder *Personalmesse* bei einer Suchmaschine ein. Sie werden schnell umfangreiche Informationen und Veranstaltungskalender finden – zum Beispiel unter www.karriere.de. Achten Sie darauf, dass die kleineren und mittelständischen Unternehmen, die offener gegenüber Fachkräften 50 plus sind, eher auf regionalen Jobmessen zu finden sind. Unter dem Link www.jobsuche-regional.com/personalmessen/ finden Sie die wichtigsten Personalmessen.

Rekrutierungsevents und Personalmessen bieten Ihnen als Bewerber eine Menge Vorteile: Sie können einen potenziellen Arbeitgeber persönlich kennenlernen. Sie erhalten einen praxisnahen Einblick in ein Unternehmen. Und Sie können direkt und persönlich überzeugen.

Bevor Sie eine Personalmesse oder ein Rekrutierungsevent besuchen, sollten Sie sich jedoch auf jeden Fall sorgfältig vorbereiten. Vereinbaren Sie am besten bereits im Vorfeld einer Personalmesse Gesprächstermine mit den für Sie interessanten Firmen. Erscheinen Sie zu diesen Terminen unbedingt pünktlich, in angemessener Kleidung, gut informiert, mit vorbereiteten Bewerbungsunterlagen – am besten auch auf einem USB-Stick – und eigenen Fragen. Lassen Sie sich durch eine lässige Atmosphäre nicht täuschen. Ein persönliches Treffen auf einer Personalmesse kommt einem Jobinterview gleich. Ihre Teilnahme an einem Rekrutierungsevent können Sie mit einem kleinen Assessment-Center vergleichen.

Um direkt punkten zu können, wenn Sie einem Personaler persönlich gegenübertreten, sollten Sie die Kunst des *Pitchens* – die

Fähigkeit, sich in 30 Sekunden so interessant vorzustellen, dass Ihr Gegenüber Sie auf jeden Fall kennenlernen will – beherrschen.

DIE KUNST DES PITCHENS

Wir leben in einer schnellen Welt, in der Aufmerksamkeit ein rares Gut ist. Keiner hat mehr Zeit, sich lange schriftliche oder verbale Ausführungen anzuhören oder zu lesen – auch nicht die Personalentscheider in den Unternehmen. Für uns 50-Jährige kann das eine Herausforderung werden. Aus zwei Gründen. Erstens: Wir sind in einer Welt groß geworden, in der die Zeit eine andere Bedeutung und jeder anscheinend noch mehr davon hatte. Zweitens: Wir haben mit unseren 20, 30 Berufsjahren so viel erlebt, so viel zu bieten und so viel zu berichten, dass es vielen von uns schwerfällt, die Quintessenz kurz und präzise auf den Punkt zu bringen. Doch genau darum geht es im Bewerbungsprozess. Es geht nicht darum, den anderen mit unserer geballten Erfahrung verbal zu erschlagen. Die Kunst ist es, unser Gegenüber innerhalb von 30 Sekunden zu überzeugen, dass es für ihn wertvoll ist, uns besser kennenzulernen – weil wir ein Teil der Lösung für seine Probleme sein können.

Bei Ihrer beruflichen Neuorientierung gibt es zahlreiche Schlüsselmomente, in denen Sie die Kunst des *Pitchens* – wie es so schön heißt – beherrschen sollten und einsetzen können, um Ihrem Ziel näher zu kommen. Zum Beispiel der telefonische (Erst-)Kontakt mit einem potenziellen Arbeitgeber, das zufällige oder geplante Gespräch auf einem Personalevent, die Kontaktaufnahme in Ihrem persönlichen Netzwerk – eigentlich immer, wenn Sie jemanden anrufen oder treffen, der Ihnen dabei helfen kann, das zu bekommen, was Sie wollen: einen neuen Job.

»Ich bin, ich kann, ich will«

In der Werbebranche ist ein *Pitch* das gängige Instrument, um Marketingkonzepte zu präsentieren. Auch in der Gründerszene haben junge Unternehmer meistens wenig Zeit, um Investoren oder ein Publikum von der eigenen Businessidee zu überzeugen. Ein *Pitch* soll hier in wenigen Sätzen die Idee beschreiben – und dabei begeistern. Wer von Ihnen schon einmal die Unterhaltungsshow *Die Höhle der Löwen* gesehen hat, weiß, wovon ich rede. Für die Bewerbungssituation gilt das Gleiche. Die Zeit ist knapp. Sie müssen in verschiedenen Situationen und gegenüber verschiedenen Personen mit wenigen Sätzen beschreiben können, wer Sie sind, was Sie können und was Sie wollen – und dabei den anderen von sich überzeugen. Sind Sie darauf vorbereitet? Ein Beispiel:

Situation: IT-Messe, Cafeteria, Stehtisch

Personen: Sie und ein unbekannter Herr; schätzungsweise 35 Jahre alt; sein Namensschild verrät: Paul Weber, Personalleiter

Er fragt nebenbei: *»Und was machen Sie so auf der Messe?«*

Sie, aufgeregt – aber vorbereitet: *»Ich bin begeistert von digitalen Möglichkeiten. Als Assistentin auf Leitungsebene bin ich an neuen Entwicklungen im IT-Bereich interessiert. Aktuell suche ich einen neuen Job, wo ich meine Stärken wie meine Sprach- und IT-Fähigkeiten sowie mein Organisationstalent gut einsetzen kann. Und was machen Sie auf der Messe?«*

Mit so einen kleinen *Pitch* können Sie jederzeit und jedem gegenüber einen ersten Eindruck von sich vermitteln. Daraus kann sich ein ungezwungenes weiterführendes Gespräch ergeben, in dem Sie noch mehr über sich und Ihre Wechselstory, über Ihr Jobziel und Ihre Fähigkeiten erzählen können. Aus dem Stehgreif ist so ein *Pitch* allerdings schwer umzusetzen. Das erfordert Vorbereitung und Übung. Und auch ein wenig Kommunikationsgeschick.

Jetzt sind Sie dran. Überlegen Sie sich Ihren Pitch. Schauen Sie sich dazu noch einmal Ihre Notizen zur »Wechselstory«, und den Fragen »Was will ich?«, »Was kann ich?« und »Wie bin ich?« an. Schreiben Sie sich den Pitch auf und üben Sie ihn. Am besten, indem Sie sich den Pitch selbst vorsprechen und mit Ihrem Smartphone aufnehmen. So können Sie sich Ihre Präsentation noch einmal anhören und verbessern – so lange, bis Ihr Pitch sitzt.

Damit sind Sie vorbereitet. Bei einem Treffen mit einem potenziellen Arbeitgeber, ob auf einer Personalmesse oder bei jeder anderen geplanten oder zufälligen Gelegenheit, können Sie damit in nur wenigen Sätzen sich selbst, Ihre Fähigkeiten und Ihr Ziel vorstellen. Es geht darum, beim ersten Eindruck zu punkten. Und den ersten persönlichen Eindruck hinterlassen Sie zum Beispiel schon bei Ihrem ersten Telefongespräch mit einem Personaler.

Anrufen, anrufen, anrufen!

Es gibt so viele kleine *Erfolgsbooster* für Jobsucher 50 plus. Sie müssen sie nur kennen und nutzen. Viele Bewerber über 50 denken, dass sie ihr Pulver verschossen haben, sobald sie ihre Bewerbungsunterlagen abgeschickt haben. Doch das stimmt nicht. Der gesamte Bewerbungsprozess bietet zahlreiche Möglichkeiten, um mit einem Arbeitgeber in Kontakt zu kommen. Sie sollten jede dieser Gelegenheiten nutzen, denn jeder einzelne Kontakt steigert Ihre Chance auf einen Arbeitsvertrag. Erinnern Sie sich an die zweite Regel der Personalauswahl: Arbeitgeber wollen kein Risiko eingehen. Um das Risiko einer Fehlentscheidung zu minimieren, arbeiten sie nach dem Prinzip: *»Was ich kenne, macht mich sicher.«* Jeder persönliche Kontakt trägt dazu bei, dass die andere Seite Sie besser kennenlernen kann.

Jeder einzelne Kontakt ist eine Chance, um zu pitchen und den anderen von sich zu überzeugen. Dafür müssen Sie jeden Kontakt sehr gut vorbereiten, denn Ihr Anruf muss für den Personaler mehr Nutzen schaffen als Arbeit verursachen. Prüfen Sie deshalb vor jeder Kontaktaufnahme, welche Antwort Sie auf die folgenden vier Fragen haben:

- *Warum* rufe ich an?
- *Was* will ich als Resultat meiner Kontaktaufnahme?
- *Welchen* Nutzen hat der andere davon?
- *Wie* erreiche ich mein Resultat?

Und dann bauen Sie eine Kommunikationskette im Bewerbungsprozess auf. Wie das funktioniert, erfahren Sie jetzt.

Kommunikationskette Teil 1

Viele Arbeitgeber bieten die Möglichkeit, erste Fragen vor der Bewerbung telefonisch zu klären. »*Für erste Fragen steht Ihnen Frau Maren Huber unter der Rufnummer +49 (0) 1234/567–890 zur Verfügung.*« Machen Sie davon Gebrauch! Bei so einem ersten persönlichen Telefongespräch geht es nämlich nicht nur um Ihre Fragen. Viele Arbeitgeber bauen die erste telefonische Kontaktmöglichkeit mittlerweile als Auswahlfilter ein, um sich die Arbeit zu erleichtern und das Risiko einer Fehleinschätzung zu verringern. Dazu müssen Sie zwei Dinge wissen. Erstens: Nur etwa zehn Prozent aller Bewerber rufen im Vorfeld ihrer Bewerbung tatsächlich beim Arbeitgeber an. Das sind erfahrungsgemäß die agilen Bewerber, und die haben es einfacher. Zweitens: Ein persönlicher Telefonkontakt schafft Vertrauen und Vertrauen schafft Sicherheit.

Der Rest ist Mathematik. Auf eine Stellenausschreibung im kaufmännischen Bereich bewerben sich aktuell viele Jobsuchende. Trotz Fachkräftemangel zu viele, um alle Bewerbungsunterlagen anschauen zu können und zu entscheiden, wen man in ein Jobinterview einlädt. Das würde einfach zu viel Zeit und damit zu viel

Geld kosten. Außerdem müssen Personaler sich auch gar nicht alle Unterlagen anschauen – und sie machen es auch nicht. Sie wissen, dass nur rund zehn Prozent aller Bewerber anrufen. Die Bewerbungsunterlagen dieser zehn Prozent schauen sie sich in der Regel auf jeden Fall an – zumindest, wenn das Telefonat kein Reinfall war. Erfahrungsgemäß sind darunter genug gute und letztendlich geeignete Kandidaten für ein Jobinterview. Nur zehn Prozent von vielen Bewerbungen bedeutet: weniger Arbeit und damit weniger Zeiteinsatz und damit weniger Kosten für den Arbeitgeber.

Selbst wenn sich auf Fach- und Führungskräftepositionen nur wenige Kandidaten bewerben, wird ein Personaler immer erst die ihm vertrauten Bewerber anschauen, also diejenigen, die er kennt, die ihm empfohlen wurden – Stichwort soziales Kapital –, oder diejenigen, die ihn persönlich angerufen haben. Wenn die digitalen Unterlagen dieser Bewerber den inhaltlichen und formalen Kriterien entsprechen, werden aus dieser kleinen Bewerbergruppe die Kandidaten für das Jobinterview ausgewählt. Die Botschaft ist hier klar:

Die erste telefonische Kontaktaufnahme ist einer der wichtigsten Erfolgsfaktoren im Bewerbungsprozess für Menschen über 50 – und ein wesentlicher Bestandteil einer perfekten Bewerbung.

Bevor Sie einen potenziellen Arbeitgeber anrufen, sollten Sie unbedingt Ihren *Pitch* vorbereiten. Studieren Sie die Homepage des Unternehmens, lesen Sie die Stellenanzeige aufmerksam und vergleichen Sie, welche der geforderten Fähigkeiten und Erfahrungen Sie mitbringen. Dann entwerfen Sie einen kleinen Leitfaden für das Telefongespräch:

- Begrüßung und Bezug zur Stellenanzeige,
- Ihr Pitch: *»Ich bin ..., ich kann ..., ich will ...«*,
- zwei bis drei Fragen (die der Grund für Ihren Anruf sind).

In einer Stellenanzeige finden sich eigentlich immer einige offene Punkte, die einen Grund darstellen, um den Personaler anzurufen.

Gehen Sie mit den bekannten *5-W-Fragen* an eine Stellenanzeige heran und prüfen Sie, ob Sie bereits auf alle Fragen eine Antwort haben:

- *Wer* bekommt meine Bewerbung (Ansprechpartner)?
- *Wann* wird die Stelle besetzt?
- *Welche* Unterlagen werden gewünscht – auf welchem Weg?
- *Wie* sehen die Aufgaben genau aus?
- *Wo* ist der Einsatzort?
- *Lohnt sich eine Bewerbung, auch wenn das Anforderungskriterium XY nicht erfüllt wird?*

Manchmal wird in der Stellenanzeige auch kein Ansprechpartner für erste Fragen genannt. Was dann? Heißt das, der Arbeitgeber will nicht, dass Sie ihn anrufen? Vielleicht. Vielleicht aber auch nicht. Haben Sie Fragen? Wollen Sie einen qualifizierten ersten persönlichen Kontakt machen? Dann recherchieren Sie und machen Sie einen Ansprechpartner und eine Telefonnummer ausfindig. Viele Firmen veröffentlichen auf ihrer Homepage unter *Job und Karriere* die entsprechenden Informationen. Und manche Firmen schauen bewusst darauf, ob sich ein Bewerber die Mühe macht, die Kontaktdaten herauszusuchen und anzurufen.

Es gibt natürlich auch Arbeitgeber, die im Vorfeld einer Bewerbung tatsächlich keine Anrufe wünschen, und das sollten Sie dann auch respektieren. Oftmals sind das sehr große Unternehmen und Konzerne, die über Ihre E-Recruiting-Systeme viele Tausende Bewerbungen erhalten und deshalb keine Telefonnummern von Ansprechpartnern herausgeben.

Kommunikationskette Teil 2

Nach Ihrem Erstanruf passen Sie Ihre Bewerbungsunterlagen an und senden diese auf dem gewünschten Weg und in der geforderten Form zum Unternehmen. Danach können und sollten Sie den Kontakt halten. Denn Digitalisierung heißt nicht etwa Unverbindlichkeit. Legen Sie sich eine Wiedervorlage an, indem Sie sich den aktuellen Stand jeder einzelnen Bewerbung notieren, und vermerken Sie, wann Sie wieder aktiv in den Kontakt mit dem potenziellen Arbeitgeber gehen werden – sollte der sich bis zu einem gewissen Zeitpunkt noch nicht bei Ihnen gemeldet haben.

Wenn Sie nach acht bis zehn Tagen noch keine Eingangsbestätigung des Arbeitgebers erhalten haben, telefonieren Sie nach und fragen, ob Ihre Bewerbung eingetroffen ist. Sie wären nicht der erste Bewerber, dessen Bewerbung den Weg bis zum verantwortlichen Personaler gar nicht gefunden hat.

Drei bis fünf Wochen nach der Eingangsbestätigung sollten Sie bereits eine Einladung zu einem Vorstellungsgespräch in Ihrem Postfach haben. Wenn dem nicht so ist, telefonieren Sie nach und fragen, wie der aktuelle Stand der Stellenbesetzung ist und ob es zu Ihrer Bewerbung noch offene Fragen gibt. Dadurch bringen Sie sich zum einen in Erinnerung. Zum anderen erfahren Sie, ob Sie noch im Rennen sind und wenn ja, wie der weitere zeitliche Verlauf aussehen wird. Es ist allemal besser zu wissen, woran man ist, als zu Hause auf heißen Kohlen zu sitzen. Sollten Sie erfahren, dass Sie für die Stelle nicht berücksichtigt werden und eine Absage auf dem Weg ist, können Sie mit diesem Bewerbungsprozess abschließen. Dann haben Sie den Kopf frei für weitere Aktivitäten. Wenn Sie erfahren, dass es aufgrund administrativer Abläufe noch einige Wochen dauert, bis eine Entscheidung getroffen wird, können Sie sich darauf einstellen.

Sobald Sie eine Einladung zu einem Jobinterview erhalten, sollten Sie den Arbeitgeber erneut anrufen. Erstens, um sich zu bedanken. Zweitens, um Ihre Freude darüber mitzuteilen. Drittens, um den Termin zu bestätigen. Und viertens, um die offenen W-Fragen zu stellen, die in der Einladungs-E-Mail noch nicht geklärt wurden:

- *Wer* wird das Jobinterview führen?
- *Wie* lange wird das Interview in etwa dauern?
- *Was* kann ich als Arbeitsprobe mitbringen?

Eine persönliche Terminbestätigung ist ein Zeichen verbindlicher Kommunikation. Sie vermitteln der anderen Seite damit Sicherheit, erfahren mehr zum bevorstehenden Vorstellungstermin, können sich dadurch besser darauf vorbereiten und fühlen sich selbst sicherer. Damit steigern Sie Ihre Chancen auf einen Arbeitsvertrag.

Nach dem Vorstellungstermin ist es noch nicht vorbei. Nachdem Sie eine Nacht darüber geschlafen haben, können Sie noch eine Nachfass-E-Mail schreiben. Darin bedanken Sie sich für das angenehme und informative Gespräch, bekräftigen Ihr Interesse an der Stelle und dass Sie sich gut vorstellen können, Ihre Arbeitskraft für das Unternehmen einzusetzen. Sie signalisieren damit, dass Sie für weitere Fragen zur Verfügung stehen und dass Sie sich auf die Entscheidung freuen. Unterschätzen Sie nicht die Wirkung einer solchen verbindlichen Kommunikation. Laut Umfragen trägt eine Nachfass-E-Mail wesentlich dazu bei, dass sich ein Arbeitgeber positiv für den Kandidaten entscheidet.

Ich habe mittlerweile schon so viele Menschen über 50 im Coaching dabei unterstützt, sich beruflich neu zu positionieren, dass ich die Bedenken, im Vorfeld einer Bewerbung bei einem Arbeitgeber anzurufen, kenne und verstehen kann. »*Arbeitgeber wollen das doch gar nicht. Anrufe nerven die doch nur.*« Doch halt! Prüfen Sie Ihre Einstellung. Warum wollen Sie nicht anrufen? Fühlen Sie sich zu unsicher oder scheuen Sie den Arbeitsaufwand, den Sie einsetzen müssen, um sich sehr gut auf so einen wichtigen Anruf vorzubereiten? Das eine ist, sich mit über 50 darüber zu beklagen, dass Arbeitgeber Altersdiskriminierung betreiben und Ihnen keine Chance geben. Das andere ist anzuerkennen, dass sich die Welt verändert und dass ein 1990er-Bewerbungsstil heute nicht mehr funktioniert. Werden Sie zu einem aktiven Bewerber 2020 – der Aufwand lohnt sich.

DIE BEWERBUNGSUNTERLAGEN – OHNE GEHT ES (NOCH) NICHT

Gleichgültig, auf welchem Weg Sie den Kontakt zu Arbeitgebern aufbauen, ab einem bestimmten Zeitpunkt brauchen Sie auch eine schriftliche Form – Sie brauchen Bewerbungsunterlagen. Und die sehen heute anders aus als noch im vergangenen Jahrzehnt. Wenn Sie Ihren Lebenslauf, mit dem Sie Ihren letzten Job ergatterten, vor zehn oder mehr Jahren erstellt haben, müssen Sie ihn aktualisieren – und das nicht nur, indem Sie die zusätzliche Arbeitserfahrung auflisten und den Lebenslauf dadurch verlängern. Vielmehr geht es darum, ein modernes Format zu wählen und die Dinge hervorzuheben, die für einen neuen Arbeitgeber relevant sind: die Erfolge Ihrer Arbeit, die spezifischen Schlüsselwörter der zukünftigen Branche und des Aufgabenbereichs und Ihre übertragbaren Fähigkeiten.

Für die perfekte Bewerbung gibt es eigentlich nur ein einziges relevantes Kriterium: Führt die Bewerbung zu der gewünschten Einladung zum Gespräch? Dazu gibt es eine einfache und sehr wichtige Regel: Weniger ist mehr. Was das genau bedeutet und wie Sie Ihr Ziel – eine Einladung zum Jobinterview – erreichen, erfahren Sie jetzt.

Der Lebenslauf – weniger ist mehr!

Ob Anschreiben oder Lebenslauf – beherrschen Sie die Kunst des Weglassens? Besonders für uns 50-Jährige ist es eine Herausforderung, unsere langjährige Berufspraxis, auf die wir zu Recht stolz sind, kurz und präzise zu Papier zu bringen. Kurz und präzise heißt: maximal zwei Seiten. Der Trend geht sogar zum einseitigen Kurzprofil – genannt *Onepager*. Alles, was über 30 Sekunden oder eine DIN-A4-Seite hinausgeht, wird im Bewerbungsprozess von Personalern häufig gar nicht mehr wahrgenommen. Die sind nämlich nicht so sehr an 20, 30 Jahren Berufserfahrung aus der Vergangenheit interessiert, sondern vielmehr an Ihren übertragbaren Fähigkeiten, die Sie in Zukunft für die neue Firma einsetzen wollen und können.

Auch wenn es normal ist, dass wir ab einem bestimmten Alter häufiger auf das schauen, was hinter uns liegt, als auf das, was wir noch erreichen wollen – packen Sie Ihren Lebenslauf nicht zu sehr mit der Vergangenheit voll, sondern mit Ihren übertragbaren Fähigkeiten für die Zukunft, und das nach Möglichkeit auf einer Seite, maximal auf zwei Seiten. Eine zweite Seite ist dann erlaubt, wenn Sie zusätzliche Informationen bieten, welche für die zu besetzende Position relevant sind, zum Beispiel: besondere Projekte, Auslandsaufenthalte, Publikationen, Ehrenämter oder Ähnliches.

Ein Deckblatt wird eigentlich nur noch in Deutschland verwendet, genauso wie ein Bewerbungsfoto. Wenn ein Deckblatt außer Ihrem Foto keine weiteren Informationen bietet, lassen Sie es einfach weg. Dann setzen Sie das Foto oben auf die erste Seite des Lebenslaufs. Sie können ein Deckblatt jedoch dazu nutzen, um zusätzlich zu einem sehr guten Foto, der Bezeichnung der angestrebten Stelle und Ihren persönlichen Angaben auch ein oder zwei Schlüsselaussagen zu Ihrer Person und zu Ihren besonderen Fähigkeiten zu platzieren. So wird ein Deckblatt zum »Hingucker« und hat dadurch einen Sinn.

Ein Wort noch zum Foto: Erlaubt ist es Arbeitgebern auch in Deutschland schon lange nicht mehr, danach zu fragen. Doch es ist hierzulande nach wie vor üblich, als Bewerber eines mitzuschicken. Wenn Sie das machen, dann achten Sie darauf, dass es sich um ein professionelles und sehr gutes Foto handelt.

Die persönlichen Daten wie Alter (Geburtsdatum), Staatsangehörigkeit, Familienstand und Religionszugehörigkeit müssen im Lebenslauf nicht mehr angegeben werden. International macht man das schon lange nicht mehr. In Deutschland rate ich jedoch immer noch dazu, es zu tun – außer bei der Religionszugehörigkeit, es sei denn Sie bewerben sich bei der Kirche oder bei kirchennahen Institutionen. Ein kleiner Trick, damit der Personaler nicht von Beginn an durch ein Alter 50 plus irritiert ist: Setzen Sie Ihre persönlichen Daten ans Ende des Lebenslaufs, nicht an den Anfang – außer natürlich Ihren Namen.

Das Datum und die Nennung des Orts sind zwar ebenso nicht mehr obligatorisch, dennoch schadet es nicht, diese Angaben am Ende Ihres Lebenslaufs zu machen, wenn dafür noch Platz ist.

Ihre Unterschrift entfällt. Allenfalls Ihren Vor- und Nachnamen in getippter Form können Sie zum Schluss anführen. Wenn Sie Ihre Unterschrift mögen, diese professionell einscannen und in Ihr Worddokument einsetzen können und keine Angst davor haben, dass findige Schlitzohren Ihre Unterschrift digital ausschneiden und für windige Geschäfte nutzen, können Sie natürlich auch Ihre Unterschrift verwenden.

Starten Sie Ihren Lebenslauf – das Herzstück Ihrer Bewerbung – mit einem persönlichen Statement oder ein, zwei Schlüsselaussagen, wie zum Beispiel:

- Qualifizierter Customer Service Manager mit Erfahrung in der verarbeitenden Industrie
- Anerkannt als Teamleiter und Coach
- Geschickt im Umgang mit MS-Word und SAP R/3
- Sachkundige Pflege einer Datenbank mit über 5 000 Namen und Adressen
- Erfolgreiche Hausverwaltung von 200 Wohneinheiten
- Kompetenter Ansprechpartner für den nachhaltigen Aufbau neuer Vertriebsstrukturen

Überlegen Sie einmal, welche Schlüsselaussagen auf Sie zutreffen, und verwenden Sie Ihre eigenen Worte.

Sie können Ihren Lebenslauf auch mit drei bis fünf Ihrer übertragbaren Fähigkeiten starten. Formulieren Sie Ihren Lebenslauf auf jeden Fall *fähigkeitsbasiert* und so, dass Sie Ihre Stärken hervorheben und diese sich möglichst eng auf die entsprechende Position beziehen, die Sie haben wollen. Laut Umfragen werden von Arbeitgebern aktuell vor allem die folgenden zehn übertragbaren Fähigkeiten gesucht.

- **Kommunikationsfähigkeit:** Die Bereitschaft und Fähigkeit, mit verschiedenen Menschen in unterschiedlichen Situationen verbindlich, konstruktiv und zielführend zu sprechen – und das sowohl *face to face* als auch via digitaler Medien wie Skype, Telefon, WhatsApp etc.

- **Selbst- und Zeitmanagement:** Die Fähigkeit, sich selbst in turbulenten Zeiten digitaler Anforderungen effektiv und effizient zu steuern, sich zu fokussieren und sich nicht ablenken zu lassen.
- **Problemlösefähigkeit:** Die Fähigkeit, einen Ist-Zustand gegen Widerstände in einen Soll-Zustand zu überführen – und zwar durch intelligentes, oft auch kreatives Handeln.
- **Organisationsfähigkeit:** Die Fähigkeit, Dinge effektiv zu planen und zu organisieren, dazu die notwendigen Ziele zu definieren und Bedürfnisse und Prioritäten zu antizipieren.
- **Lernfähigkeit:** Die Bereitschaft und Fähigkeit, Ausbildungsinhalte eigenständig und langfristig aufzunehmen, logisch einzuordnen, zu verarbeiten und aus eigenen Fehlern zu lernen.
- **Technische Fähigkeiten:** Beinhalten technische Kenntnisse, das technische Verständnis und die Fähigkeit, technische Instrumente, Geräte, Maschinen und Anlagen zu bedienen und Informationstechnologie selbstständig und gezielt anzuwenden.
- **Kreativität:** Die Fähigkeit, etwas zu erschaffen, das es so noch nicht gibt, das neu und dabei nützlich und brauchbar ist. Auch bei der Problemlösung spielt Kreativität eine Rolle, wenn es sich um eine ungewöhnliche Lösung handelt, die vorher noch nicht bedacht wurde.
- **Führungsqualität:** Die Fähigkeit, Ziele festzulegen und das Verhalten anderer Menschen so zu beeinflussen, dass diese Ziele in Resultate umgesetzt werden.
- **Fremdsprachen:** Englisch ist heute schon fast ein *Muss*, um mitreden zu können. Die VUCA-Welt ist global – »*Weitere Fremdsprachen erwünscht*«.
- **IT-Fähigkeiten:** Die Fähigkeit, einen Computer zu bedienen und Softwareprogramme zu nutzen. Standard sind Textverarbeitung, Tabellenkalkulation, Präsentation, E-Mail-Kommunikation und Internet (z. B. MS-Office-Suite), Software zur Steuerung von Geschäftsprozessen (z. B. SAP) und im Produktionsbereich Programme zur Maschinensteuerung (z. B. LOGO).

Ihr Lebenslauf könnte also zum Beispiel wie folgt starten:

- Deutsch Muttersprache; Englisch und Spanisch fließend
- Hohe IT-Affinität; versiert in SAP R/3 und MS-Office
- Ausgeprägte Kommunikationsfähigkeit – Customer Service

Die von Ihnen aufgeführten übertragbaren Fähigkeiten sollten der Wahrheit entsprechen. Der Personaler prüft den Wahrheitsgehalt an einzelnen Punkten im weiteren Verlauf Ihres Lebenslaufs sowie durch einen Vergleich mit Ihren Arbeits- und gegebenenfalls Ausbildungs- und Studienzeugnissen. Wenn Sie zum Beispiel als übertragbare Fähigkeit Ihre »hohe Lernbereitschaft und Lernfähigkeit« aufführen, jedoch unter der Kategorie »Weiterbildung« keine Fortbildung erscheint oder Ihre letzte Fortbildung bereits 15 Jahre zurückliegt, dann zweifelt der Personaler an der Glaubwürdigkeit Ihrer Aussage. In Ihren Arbeitszeugnissen sollte vermerkt sein, dass Sie Ihre Fachkenntnisse durch regelmäßige berufliche Fortbildungen auf dem neuesten Stand gehalten haben. Dadurch verleihen Sie der übertragbaren Fähigkeit »Lernbereitschaft und Lernfähigkeit« Glaubwürdigkeit.

Behalten Sie stets im Hinterkopf, dass ein Personaler an Ihren übertragbaren Fähigkeiten interessiert ist. Denken Sie für den Empfänger Ihres Lebenslaufs, den Personaler, mit. Sie können nicht erwarten, dass der andere Ihren Wert erkennt, wenn Sie es ihm nicht deutlich kommunizieren. Fragen Sie sich deshalb immer:

- *Was* braucht der Arbeitgeber auf dieser Position von mir?
- *Was* davon habe ich zu bieten?
- *Wie* kann ich das so kurz und präzise wie möglich kommunizieren?

Suchen Sie sich jetzt ein Stellenangebot und identifizieren Sie die drei wichtigsten Fähigkeiten, die Sie für eine hervorragende Performance auf der Position benötigen. Fragen Sie sich danach selbst, was Ihre wichtigsten beruflichen Errungenschaften waren und welche Fähigkeiten Sie eingesetzt haben, um diese zu erreichen? Am Ende geht es darum, Ihre Stärken zu identifizieren und zu kommunizieren.

Unterscheiden Sie zwischen Ihren Fähigkeiten, Ihren Erfolgen und Ihren Aufgaben. Eine Aufgabe ist das, was Sie tun. Erfolg ist das, was dabei herauskommt. Und Fähigkeiten sind das, was Sie dazu befähigt, Aufgaben zu erledigen und Erfolge zu erzielen. Um Ihre Erfolge zu bestimmen, können Sie die folgenden Fragen nutzen:

- Wie haben Sie in Ihren bisherigen Jobs Probleme gelöst?
- Welche speziellen Projekte haben Sie zu Ende geführt?
- Was für eine Art Führungskraft sind Sie?
- Welchen Beitrag haben Sie zur Steigerung des Umsatzes, der Verkaufszahlen oder der Produktivität Ihres Arbeitgebers geleistet?
- Welchen Beitrag konnten Sie zu Kosteneinsparungen bei Ihrem Arbeitgeber leisten?
- Wie haben Sie den Anschluss an die (technischen) Entwicklungen in Ihrer Branche und in Ihrem Arbeitsfeld gehalten?
- Wie gut kommen Sie mit Kunden, Kollegen und Vorgesetzten zurecht und wie gelingt Ihnen das?
- Welchen Wert konnten Sie für Ihren Arbeitgeber erbringen?
- Wodurch heben Sie sich von Ihren Kollegen ab?
- Welches Expertenwissen und welche Expertenfähigkeiten besitzen Sie?

Im Lebenslauf können Sie Ihre Stärken und Erfolge durch entsprechende Aufzählungspunkte unter den jeweiligen Berufsstationen kommunizieren. Zum Beispiel wie folgt:

- Ergebnis- und Budgetverantwortung für Marketing und Vertrieb
- Steigerung der Kundenbindung durch hohe Dienstleistungs- und Serviceorientierung

- Steigerung der Kundenzufriedenheit, gemessen am Rückgang der Reklamationen, um 25 Prozent
- Erfolgreiche Produkteinführung und Neukundenakquise mit Umsatzsteigerung von über 15 Prozent
- Erfolgreiche Einführung einer neuen Controlling-Software mit Kosteneinsparung von > 20 Prozent
- Kontinuierliche Verbesserungsvorschläge zur Optimierung der Produktionsabläufe
- Erfolgreiche Anmeldung von acht Patenten im Bereich XYZ in zehn Jahren
- Sicherheitsbeauftragter im Betrieb mit laufenden Schulungen zum Thema Sicherheit am Arbeitsplatz
- Aufbau von Expertenwissen im Bereich XY
- Belastbares berufliches Netzwerk im Bereich ABC
- Erfolgreiche Ausbildung der Auszubildenden im kaufmännischen Bereich

Erwähnen Sie in Ihrem Lebenslauf auf jeden Fall auch aktuelle oder unlängst abgeschlossene Weiterbildungen. Damit signalisieren und dokumentieren Sie Ihre Lernbereitschaft und -fähigkeit. Hierfür nutzen Sie die Kategorie »Weiterbildungen«.

Der Lebenslauf wird gegenchronologisch aufgebaut, das heißt, Sie beginnen mit den neuesten Punkten zuerst: angefangen bei Ihren aktuellsten Berufserfahrung rückwärts bis zu Ihrer ersten Anstellung. Um alle relevanten Punkte auf maximal zwei Seiten unterzubringen, müssen Sie gut priorisieren. In der Kategorie »Berufserfahrung« schaffen Sie das, indem Sie besonders die letzten zehn Berufsjahre ausführlicher mit Ihren Erfolgen, Fähigkeiten und Aufgaben beschreiben. Alles, was davor liegt, spielt für den potenziellen Arbeitgeber in der Regel sowieso eine untergeordnete Rolle. Dann folgt die Kategorie »Ausbildung« oder »Studium«. Ein Arbeitgeber ist daran interessiert, was Sie wann und wo gelernt oder studiert haben und welche Abschlüsse Sie mitbringen. Auch Ihren Schulabschluss führen Sie auf. Manche Arbeitgeber interessiert das, weil so ein biografischer Sinnzusammenhang in Ihrer Vita erkennbar wird.

Am Ende Ihres Lebenslaufs (oder im Anschreiben) können Sie zwei bis drei Referenzgeber aufführen. Dabei handelt es sich meist um ehemalige Chefs, die Sie zuvor natürlich um Erlaubnis gefragt haben. Personaler schätzen das Angebot, sich eine Fremdmeinung bei einem ehemaligen Arbeitgeber einholen zu können.

Bauen Sie Ihren Lebenslauf nach dem folgenden Musterablauf auf:

- Deckblatt mit Foto, persönlichen Angaben, einem persönlichen Statement, Ihren übertragbaren Fähigkeiten und Ihren Erfolgen
- Persönliche Angaben (Wenn Sie ein Deckblatt nutzen, entfallen Ihre persönlichen Angaben auf der ersten Seite Ihres Lebenslaufs.)
- Persönliches Statement, übertragbare Fähigkeiten, Erfolge (Wenn Sie ein Deckblatt nutzen, dann entfallen diese Angaben auf der ersten Seite Ihres Lebenslaufs.)
- Berufserfahrungen
- Studium (oder Ausbildung)
- Schule
- Weiterbildungen
- Soziales Engagement oder Ehrenamt (soweit vorhanden)
- Optional: Persönliche Interessen (das sind Ihre Hobbys und Freizeitbeschäftigungen)

Um sich auf eine ausgeschriebene Stelle zu bewerben, nutzen Sie in der Regel Ihren zweiseitigen Lebenslauf. Bewerben Sie sich hingegen initiativ oder wünscht ein Arbeitgeber zunächst nur eine Kurzbewerbung, können Sie auch ein einseitiges Profil im Stil eines »*Onepager*« nutzen.

Auf der folgenden Seite sehen Sie eine *Mustervorlage* für so ein »*Onepager-Profil*«. Weitere Muster von zweiseitigen Lebensläufen und einseitigen Kurzprofilen finden Sie online. Googeln Sie einfach nach den Begriffen »Onepager«, »Lebenslauf«, »Resume« oder »Kompetenzprofil«. Sie werden schnell fündig und können sich von den Beispielen inspirieren lassen.

Konzentrieren Sie sich bei der Erstellung Ihres Lebenslaufs und Ihres einseitigen Profils auf die Inhalte. Es zählen Fakten und die Passung zur avisierten Stelle. Grafische Elemente wie Farbe oder Symbole sollten Sie, wenn überhaupt, sparsam verwenden.

Vorname Nachname
Titel, z.B. MBA
Musterstraße 1 | 2345 Musterort
+49 (0)123 456789 | vorname.nachname@mail.com

Persönliches Statement	Erfolg Erfolg Erfolg
Fachliche Stärke Fachliche Stärke Fachliche Stärke Sprachkenntnisse IT Kenntnisse	Persönliche Kompetenz Persönliche Kompetenz Persönliche Kompetenz Persönliche Kompetenz Persönliche Kompetenz
Von – Bis **Berufsbezeichnung** **Firma** • Tätigkeit • Tätigkeit	Von – Bis **Berufsbezeichnung** **Firma** • Tätigkeit • Tätigkeit
Von – Bis **Berufsbezeichnung** **Firma** • Tätigkeit • Tätigkeit	Von – Bis **Berufsbezeichnung** **Firma** • Tätigkeit • Tätigkeit
Von – Bis **Berufsbezeichnung** **Firma** • Tätigkeit • Tätigkeit	Von – Bis **Berufsbezeichnung** **Firma** • Tätigkeit • Tätigkeit
Von – Bis Ausbildung/Weiterbildung	Von – Bis Ausbildung/Weiterbildung
Von – Bis Ausbildung/Weiterbildung	Von – Bis Ausbildung/Weiterbildung
Von – Bis Ausbildung/Weiterbildung	Von – Bis Ausbildung/Weiterbildung
Referenz Referenz Referenz	Freizeit Freizeit Soziales Engagement

Das Anschreiben – keine Prosa bitte!

Die Bedeutung des Anschreibens nimmt zwar immer mehr ab, dennoch wird es von den allermeisten Personalern verlangt. Ob die Personaler das Anschreiben lesen oder nicht – Ihr Anschreiben muss zünden. Und das schaffen Sie, indem Sie sechs einfache Kriterien beachten. Prüfen Sie jedes Ihrer Anschreiben darauf, ob es die folgenden Aussagen enthält:

Persönliche Anrede mit Bezug zum Telefongespräch: »Sehr geehrte Frau Muster, haben Sie vielen Dank für das freundliche und informative Telefongespräch mit Ihnen.«

Ihre Motivation für das Unternehmen und die Stelle: »Ihre Stellenausschreibung hat mich besonders deshalb angesprochen, weil mir Ihr Unternehmen als führender Anbieter von ABC bekannt ist und ich über sehr gute XYZ-Fähigkeiten in dem von Ihnen gesuchten Aufgabenfeld verfüge.«

Nutzen, den Sie dem Unternehmen bieten: »Ich bringe eine abgeschlossene Ausbildung/Studium zum X und Erfahrung in der Y-Branche mit. Dadurch verfüge ich über fundiertes Fachwissen in A und Fähigkeiten in B, C und D. Meine Arbeitsweise ist selbstständig, initiativ, zuverlässig und gewissenhaft. Ich bin lernbereit und flexibel.«

Aktuelle Situation: »Aktuell befinde ich mich in einer beruflichen Veränderungssituation.« oder »Aktuell bin ich als X im Bereich Y der Firma Z tätig und suche ein neues berufliches Wirkungsfeld.« Wer sich einvernehmlich von seinem Arbeitgeber trennt, kann auch mit offenen Karten spielen. »Aufgrund betrieblicher Restrukturierung wird es bei meinem aktuellen Arbeitgeber zu Personalanpassungen kommen. Ich habe mich dazu entschieden, einen Aufhebungsvertrag zu unterschreiben, und kann Ihnen deshalb auch kurzfristig zur Verfügung stehen.« Das ist oft sinnvoll, um sich selbst Druck zu nehmen, denn im weiteren Verlauf des Bewerbungsverfahrens wird sowieso danach gefragt werden.

Konditionen: Nennen Sie auf jeden Fall einen konkreten Zeitpunkt oder zumindest einen Zeitraum, ab wann Sie dem potenziellen Arbeitgeber zur Verfügung stehen können. Formulieren Sie das zum Beispiel wie folgt: »Unter Einhaltung meiner Kündigungsfrist kann ich Ihnen zum X zur Verfügung stehen.« oder »Ich kann Ihnen auch kurzfristig zur Verfügung stehen.« Ihre Gehaltsvorstellungen erwähnen Sie nur, wenn in der Stellenanzeige danach gefragt wird. Wird danach gefragt, sollten Sie tatsächlich eine Aussage dazu machen oder zumindest in einem Vorabtelefonat klären, ob Sie gehalttechnisch in der Bandbreite des Stellenbudgets liegen. »Meine Gehaltsvorstellungen liegen bei rund XX.XXX Euro p. a.« oder »Meine Gehaltsvorstellungen liegen zwischen XX.XXX Euro und XX.XXX Euro p. a.«

Abschluss: »Habe ich Ihr Interesse geweckt? Weitere Fragen beantworte ich Ihnen gerne in einem persönlichen Gespräch. Sie erreichen mich mobil unter xxx. Ich freue mich auf Ihre Antwort.«
Personaler erwarten von Ihrem Anschreiben nichts Unmögliches. Sie wollen keine Prosa, sondern Präzision. Sie wollen genaue Aussagen, die zu den Anforderungen der Stellenanzeige passen. Vermeiden Sie deshalb unbedingt Sätze im Konjunktiv. Beispielsweise »*... würde ich mich auf Ihre Antwort freuen.*« Statt »*würde*« immer »*werde*«, also nicht »*... würde ich für die neue Arbeitsstelle auch umziehen*«, sondern »*... werde ich für die neue Arbeitsstelle umziehen*«. Statt »*hätte*« immer »*habe*«: »*... hätte ich großes Interesse an ...*«, sondern »*... habe ich großes Interesse an ...*«.

Das Anschreiben passt auf maximal eine Seite. Halten Sie die formalen Richtlinien der Briefgestaltung ein. Es gelten die Schreib- und Gestaltungsregeln der DIN 5008 (www.din-5008-richtlinien.de). Dabei geht es weniger um millimetergenaue Exaktheit als vielmehr um ein insgesamt ansprechendes und klares Erscheinungsbild. Die

Gestaltungsregeln der DIN 5008 geben hier eine gute Orientierung. Für die Wahl der Schrift, für die Einstellung der Seitenränder, für die Schreibweise der Adresse und des Datums und für die Grußformel zum Abschluss existieren eindeutige Empfehlungen. Wählen Sie zum Beispiel immer eine Geschäftsschrift wie »Arial«, »Calibri« oder »Helvetica«. Schmuck- und Schreibschriften sind tabu. Stellen Sie den linken Seitenrand auf 24 Millimeter ein, den rechten auf 20 Millimeter. Üblich ist bei einem Anschreiben der linksbündige Flattersatz – und kein Blocksatz. Bei der Adresse des Empfängers ist die Abkürzung »z. H.« oder »z.Hd.« für »zu Händen« nicht mehr üblich. Für die Datumsangabe gibt es mehrere Möglichkeiten: 7.9.2018; Frankfurt, 7.9.2018; 7. September 2018; Frankfurt, 7. September 2018 oder 2018-09-07 – das ist die internationale Schreibweise. In der Betreffzeile entfällt das Wort »Betreff«. Und bei der Grußformel zum Schluss können Sie standardmäßig mit »Mit freundlichen Grüßen« oder auch mit »Freundliche Grüße«, »Freundliche Grüße aus Freiburg« oder »Freundliche Grüße nach Frankfurt« enden.

Musterunterlagen aus dem Internet

Nutzen Sie Muster aus dem Internet klug. Prüfen Sie immer, inwieweit Sie die Vorlagen für Ihre individuelle Situation verwenden können und was Sie auf jeden Fall anpassen sollten. Achten Sie auf die für Menschen über 50 tatsächlich wichtigen Schlüsselwörter, mit denen Sie Ihre *flexible, proaktive, antizipative* und *initiative* Einstellung signalisieren und Ihre übertragbaren Fähigkeiten dokumentieren.

Zeugnisse und Co. – alles oder nichts?

Mit 50 plus verfügen Sie wahrscheinlich über eine mehr oder weniger beträchtliche Anzahl an Arbeitszeugnissen und Weiterbildungszertifikaten. Wollen Sie das alles mitschicken? Auch hier gilt: Weniger ist mehr. Sinnvoll sind zwei bis drei kurze Empfehlungsschreiben

Ihrer ehemaligen Chefs – oder Sie geben in Ihrem Lebenslauf Referenzpersonen an, die Sie selbstverständlich zuvor darüber informieren sollten. Ebenfalls wichtig sind Ihre Arbeitszeugnisse der vergangenen zehn Jahre. Je nachdem wie viele Arbeitsstellen Sie bislang innehatten, können Sie zuvor im Telefonat mit dem Personaler klären, ob es für ihn erst einmal ausreicht, wenn Sie die Zeugnisse der vergangenen zehn Jahre senden. Das nennt man dann Kurzbewerbung. Bei den Weiterbildungszertifikaten gilt: Alles was älter als fünf Jahre ist, gilt als *out*. Wenn Ihre letzte zieldienliche Weiterbildung länger als fünf Jahre zurückliegt, dann können Sie als Zeichen Ihrer Lernfähigkeit das entsprechende Zertifikat dennoch mitschicken. Aber besser ist es, wenn Sie aktuell zumindest einen Sprach- oder EDV-Auffrischungskurs besuchen und das auch in Ihrem Anschreiben und im Lebenslauf erwähnen.

Der digitale Bewerbungsweg

Der Versand per Post war gestern. Der digitale Weg, auf dem Sie einem Arbeitgeber Ihre digitalen Bewerbungsunterlagen zukommen lassen können, funktioniert per E-Mail, über ein Onlinebewerbungsportal oder in einem E-Recruiting-System.

Per E-Mail senden Sie Anschreiben, Lebenslauf und alle geforderten Nachweise in der gewünschten Form in einer zusammenhängenden PDF-Datei, die eine gewisse Dateigröße nicht übersteigt. Gegebenenfalls können Sie auch zwei PDF-Dateien anhängen: eine Datei mit Ihren relevanten Zeugnissen und Zertifikaten und eine Datei mit Ihrem Anschreiben und dem Lebenslauf. Im Zweifelsfall – wenn in der Stellenausschreibung keine Angaben zur Anzahl der Dateien, dem Dateiform und der Dateigröße gemacht werden – sollten Sie anrufen und danach fragen. Es wäre schade, wenn Ihre Bewerbung gar nicht erst beim Personaler ankommt, weil die Dateigröße die zulässige MB-Zahl übersteigt oder das Dateiformat nicht geöffnet werden kann. In der E-Mail selbst schreiben Sie lediglich drei Sätze. Zum Beispiel »*Sehr geehrter Herr/Frau ..., haben Sie vielen Dank für das freundliche und informative Telefongespräch vom xx.xx.2018. Meine Bewerbungsunterlagen habe ich im Anhang für Sie zusammengestellt. Ich freue mich auf eine Antwort und stehe für Rückfragen jederzeit gerne zur Verfügung.*« Und vergessen Sie Ihre Signatur am Ende des kurzen E-Mail-Texts sowie den Betreff der E-Mail nicht.

Auf Onlinebewerbungsportalen geben Sie Ihre persönlichen Daten in ein Onlineformular ein und laden Ihr Anschreiben, Ihren Lebenslauf, Ihr Foto und Ihre Nachweise in der gewünschten Dateiform und -größe auf der Plattform hoch. Hier informiert Sie der Onlineassistent über die Dateiform und -größe. Oft füllen Sie auch noch Freitextfelder aus und setzen bei verschiedenen Fragen Häkchen.

Bei E-Recruiting-Systemen tragen Sie alle Lebenslaufdaten, nicht nur die persönlichen Daten, in ein Onlineformular ein – auch wenn das für Sie anstrengend ist. Ihr Anschreiben, oder besser gesagt den Inhalt des klassischen Bewerbungsanschreibens, formulieren Sie in ein Freitextfeld. Hochgeladen werden hier lediglich Ihre Nachweise (Arbeits-, Studium-, Ausbildungszeugnisse, Empfehlungsschreiben, Weiterbildungszertifikate).

Je digitaler der Bewerbungsprozess wird, desto mehr nimmt die Bedeutung von Anschreiben, geradlinigem und lückenlosem Lebenslauf und dem Bewerbungsfoto auch in Deutschland ab.

Das digitale Bewerbungs-Kit

Als agiler Bewerber und erfolgreicher Jobsucher brauchen Sie heutzutage fünf Dinge:

1. Einen stabilen Internetzugang und die Fähigkeit, mit Google, Onlinejobbörsen, Bewerberportalen, Xing und Co. umzugehen.

Holen Sie sich gegebenenfalls Unterstützung bei jüngeren Menschen, bei Ihren Kindern oder jüngeren Ex-Kollegen, die Ihnen als Mentor zur Seite stehen können.

2. Ein Kurzprofil in einem Karrierenetzwerk – in Deutschland bevorzugt bei Xing, international bei LinkedIn. Hier können Sie Ihren Google-Lebenslauf aktiv gestalten und einem Arbeitgeber proaktiv und zielgerichtet, schnell und effizient alle Informationen an die Hand geben, die er braucht.
3. Eine PDF-Datei mit allen relevanten Nachweisen wie Empfehlungsschreiben, Zeugnisse und Zertifikate. Die Datei darf maximal 2 MB groß sein – egal wie viele Dokumente Sie einscannen. Wenn das für Sie zu Hause schwierig ist, dann gehen sie mit den Originaldokumenten in einen Copy-Shop, lassen sich alles einscannen und auf einen USB-Stick speichern. Die schaffen es sogar, 30 Seiten in eine Datei mit 1 MB zu bekommen – und alles ist gut lesbar.
4. Einen aktuellen Lebenslauf, in dem die wichtigsten Informationen auf maximal zwei Seiten – besser auf einer Seite – zusammengefasst sind. Ihr Lebenslauf ist das Herzstück Ihrer Bewerbung und beinhaltet alle übertragbaren Fähigkeiten und persönlichen Eigenschaften, die für einen potenziellen Arbeitgeber interessant sind.
5. Eine Vorlage für ein Bewerbungsanschreiben, das Sie jeweils zielgenau anpassen – sollte ein Arbeitgeber überhaupt noch ein Anschreiben verlangen.

Für die *perfekten Bewerbungsunterlagen* gibt es unendlich viele Mustervorlagen im Netz – aber letztendlich nur eine einzige wichtige Regel: *Der Köder muss dem Fisch schmecken, nicht dem Angler.* Überlegen Sie, wer Ihre Zielgruppe ist und wen Sie mit Ihrer Bewerbung erreichen wollen. Ein Personalentscheider in einem mittelständischen produzierenden Familienunternehmen in ländlicher Gegend hat einen anderen Blick als ein Personalreferent in der Stadtverwaltung oder in einem Krankenhaus in München oder Stuttgart. In Ihren Unterlagen sollte sich deshalb sehr zielgerichtet das wiederfinden, was die andere Seite von Ihnen braucht – in übersichtlicher und ansprechender Form.

Und noch ein wichtiger Tipp: Viele Arbeitgeber sind mittlerweile dazu übergegangen, auf der firmeneigenen Homepage konkrete Angaben zu machen, wie sie sich ein Anschreiben, einen Lebenslauf und die gesamte Bewerbung vorstellen. Nehmen Sie diese Wünsche ernst und verursachen Sie einem Personaler so wenig Arbeit wie möglich. Am besten erwartet ein Personaler Ihre Bewerbung bereits, weil Sie ihn zuvor angerufen haben, und erkennt in Ihren Unterlagen dann auch *auf den ersten Blick*, dass Ihr Profil zu einem großen Teil zum Unternehmen und zur Stelle passt – dann spielt Ihr Alter erst *auf den zweiten Blick* eine Rolle.

Online – also schnell und einfach?

Zahlreiche Arbeitgeber werben auf ihrer Homepage damit, dass Sie sich online ganz einfach und schnell bewerben können: *»Einfach Bewerbung schreiben und das Onlineformular ausfüllen. Das dauert höchstens 15 Minuten. So einfach kann Karriere sein.«* Einerseits stimmt das natürlich. Am Rechner lassen sich Unterlagen sehr schnell zusammenstellen, Kurzprofile auf Xing und Co. mit einem Mausklick veröffentlichen und innerhalb weniger Minuten Kontakt zu Arbeitgebern herstellen. Das ist ein riesiger Vorteil der Digitalisierung.

Das ist aber auch ein Risiko für Sie, wenn Sie die Jobsuche unvorbereitet starten. Viele Arbeitgeber klagen über schlecht aufbereitete Bewerbungsunterlagen, die weder den gewünschten inhaltlichen noch formalen Kriterien entsprechen. Dateiformate und -größen werden nicht eingehalten, Informationen werden struktur- und lieblos zusammengewürfelt, auf Rechtschreibung und Grammatik wird keinen Wert gelegt und Umgangsformen in der E-Mail-Kommunikation vergessen. Hier nur ein paar Beispiele: Statt *Herr* liest man *Hr.*, statt *Frau* oft *Fr.*, statt *Mit freundlichen Grüßen* steht da *MfG.*

Digitale Bewerbungsunterlagen stellen – so wie früher die Bewerbungsmappe auf Papier – eine erste Arbeitsprobe dar. Anhand dieser wird ein Personaler auf die zukünftige Arbeitsleistung schließen. Seine oft berechtigte Sorge ist es, dass ein Mensch, der sich schon bei seiner Bewerbung keine Mühe gibt, auch später als Mitarbeiter kein *Held bei der Arbeit* sein wird. Selbst in Zeiten von Fach- und Führungskräftemangel wird so jemand nicht eingeladen und schon gar nicht eingestellt. Beachten Sie deshalb stets die sechs goldenen Regeln bei der Erstellung Ihrer digitalen Bewerbungsunterlagen:

1. *Keep it simple* – weniger ist mehr!
2. Bleiben Sie bei der Wahrheit – alle Angaben müssen einer Nachfrage standhalten.
3. Prüfen Sie Ihre Angaben im Lebenslauf auf Übereinstimmung mit Ihren Angaben bei Xing und LinkedIn.
4. Beachten Sie die formalen Kriterien (Rechtschreibung, Grammatik).
5. Halten Sie sich an die Wünsche der Arbeitgeber bei Dateiinhalt, -format und -größe.
6. Lassen Sie in Onlinebewerberportalen und E-Recuriting-Systemen keine Angaben aus – beantworten Sie alles lückenlos.

Denken Sie immer daran: Das Einzige, was zählt, ist, ob Ihre Unterlagen – in Kombination mit Ihrem ersten persönlichen Telefongespräch – zu einer Einladung zum Vorstellungsgespräch führen. Nicht mehr, aber eben auch nicht weniger.

Die Bewerbung ist raus – und jetzt?

Die Bewerbung ist raus. Gibt es jetzt noch irgendetwas, das Sie tun können, um Ihre Chancen auf eine Einladung zu steigern? Ja. Tatsächlich gibt es noch einiges, das Sie jetzt tun können und sollten. Sie sollten:

- erreichbar sein,
- Ihre Bewerbungsaktivitäten dokumentieren,
- sich eine Wiedervorlage einrichten,
- den Kontakt zum Arbeitgeber halten.

Erreichbar sein: Eigentlich selbstverständlich. Aber es kommt häufiger vor, als man denkt, dass ein Arbeitgeber versucht, einen Bewerber via Telefon oder E-Mail kurzfristig zu einem Gespräch einzuladen, und der Bewerber ist nicht erreichbar. Sobald ein Arbeitgeber Ihre Bewerbungsunterlagen erhalten hat, sollten Sie Ihre E-Mails einmal am Tag abrufen, Ihre Mobilbox und den Anrufbeantworter täglich prüfen und umgehend zurückrufen, wenn ein Arbeitgeber versucht hat, Sie zu kontaktieren. Ansonsten verlieren Sie die Chance auf ein Jobinterview.

Dokumentieren: Die Jobsuche ist von Natur aus ein Prozess der Zurückweisung. Selbst qualifizierte und gesuchte Fach- oder Führungskräfte müssen damit rechnen, dass ein anderer Bewerber, ein Konkurrent, besser zum Arbeitgeber passt als sie und den Zuschlag bekommt. Deshalb ist es immer gut, Alternativen zu haben – also sich parallel bei mehreren Arbeitgebern zu bewerben. Um hier den Überblick zu behalten, ist eine Bewerbungsdokumentation hilfreich. Legen Sie sich eine Tabelle an, in der Sie festhalten, wann Sie sich bei welchem Arbeitgeber für welche Stelle beworben haben und mit wem Sie wann Kontakt hatten. Halten Sie auch den aktuellen Stand jeder einzelnen Bewerbung fest.

Wiedervorlage: Notieren Sie sich in Ihrer Bewerbungsdokumentation auch, wann Sie sich die Bewerbung auf Wiedervorlage legen, sollten Sie länger nichts vom Arbeitgeber gehört haben. Erfahrungsgemäß erhalten Sie bei Ihrer Onlinebewerbung heutzutage automatisch eine Antwortbestätigung: *»Wir haben Ihre Bewerbung erhalten. Vielen Dank.«* Wenn Sie ab diesem Zeitpunkt circa drei bis fünf Wochen nichts vom Arbeitgeber hören, dann sollten Sie wieder anrufen und nach dem Stand der Stellenbesetzung fragen. So bringen Sie sich in Erinnerung. Außerdem können Sie erfragen, ob der Arbeitgeber eventuell weitere Informationen von Ihnen benötigt, um zu entscheiden, ob er Sie zu einem Gespräch einlädt.

Kontakt halten: Die Kommunikationskette im Bewerbungsprozess kennen Sie bereits. Nutzen Sie jede Möglichkeit, um durch einen persönlichen Kontakt Vertrauen zu schaffen. Denn: *Vertrauen schafft Sicherheit und Sicherheit bringt den Job.*

Sobald ein Personaler Ihren Namen kennt, wird er Sie mit an Sicherheit grenzender Wahrscheinlichkeit *googeln.* Was das genau heißt und worauf Sie sich einstellen müssen, wenn Sie zu einem Onlinetest eingeladen werden, das erfahren Sie im nächsten Abschnitt.

ALLES ONLINE – ODER WAS?

Eine computerisierte und automatisierte (Vor-)Selektion von Bewerbern fördert eine vorurteilsfreie Auswahl, die nicht von persönlichen Vorlieben eines Personalers gesteuert wird. Wie Sie online Stellenanzeigen finden und wie Sie sich online von Arbeitgebern finden lassen, wissen Sie bereits. Jetzt erfahren Sie, wie Sie Onlinetests erfolgreich meistern und wie Sie in der digitalen Welt eine weiße Weste behalten. Denn eins ist ziemlich sicher: Ein Personaler wird Ihren Namen *googeln*, sobald er mit dem Gedanken spielt, Sie zu einem Onlinetest oder einem Jobinterview einzuladen. Laut Umfragen des Bundesverband Informationswirtschaft, Telekommunikation und neue Medien e. V. (Bitkom, 2018) machen das mittlerweile fast zwei Drittel aller Personalverantwortlichen.

Wie Sie digital eine weiße Weste behalten

Alles, was ein Personaler heute tun muss, um ein Bild von Ihnen zu bekommen, ist, Ihren Namen zu *googeln*. Innerhalb weniger Sekunden kann er herausfinden, wer Sie sind und was Sie tun. Die meisten Personaler nutzen diese Möglichkeit mittlerweile, um ihre Auswahlentscheidung abzusichern – auch wenn die Nutzung der verlockenden Informationsfülle im Netz in einer rechtlichen Grauzone stattfindet. Für Bewerber heißt das: Achtung! Welche Spuren hinterlassen Sie im World Wide Web?

Datenschutz

Laut Bundesdatenschutzgesetz (BDSG) dürfen personenbezogene Daten nur dann erhoben, verarbeitet oder genutzt werden, wenn es hierfür eine ausdrückliche gesetzliche Grundlage gibt (Erlaubnistatbestand) oder der Betroffene eingewilligt hat. Nach § 28 Abs. 1 S. 1 Nr. 3 BDSG ist es zulässig, Daten zu sammeln, wenn diese »allgemein zugänglich ... sind«. Die Frage, welche Daten im Internet, beispielsweise auf Xing, LinkedIn, Facebook oder Instagram allgemein zugänglich sind, ist unter Juristen nicht eindeutig geklärt. Stand heute gelten Daten über Bewerber, die in Google auffindbar sind, als allgemein zugängliche Daten. Kennen Sie Ihre digitalen Spuren im Netz? Laut einer repräsentativen Umfrage des Branchenverbands Bitcom (2018) sowie der Recruiting Trends (2016) führen Personaler aktive Recherchen in den sozialen Netzwerken durch. Mehr als ein Viertel der Unternehmen gab an, dass Bewerber aufgrund von Informationen aus dem Netz gar nicht erst zu einem Vorstellungstermin eingeladen wurden. Bewerber sollten deshalb ihre digitalen Spuren im World Wide Web immer wieder überprüfen und gegebenenfalls negative Inhalte löschen lassen.

Ob Google, Bing oder Yahoo, ob Xing oder LinkedIn, ob Facebook, Instagram oder Twitter, Ihre digitalen Spuren im Netz verraten sehr viel mehr über Sie, als Ihnen vielleicht lieb ist. Die Zeiten, in denen

Sie kontrollieren konnten, was ein möglicher Arbeitgeber über Sie erfährt, indem Sie die entsprechenden Informationen in Ihrem Lebenslauf sorgsam zusammengestellt haben, sind vorbei. Google ist Ihr neuer Lebenslauf – und der steht jedem Personaler jederzeit und überall als Informationsquelle zur Verfügung.

Nicht nur das, was Sie auf Ihrer eigenen Website oder Ihrem Blog veröffentlicht haben, sondern auch alles, was Sie irgendwann einmal auf irgendeinem Portal *gepostet* haben – jeder Like auf der Facebook-Seite eines Freundes, einfach jeder einzelne Ihrer Schritte im Netz –, kann grundsätzlich nachvollzogen werden, und abhängig von Ihren privaten Sicherheitseinstellungen wird das auch geschehen.

Beachten Sie deshalb die folgenden sechs *Don'ts* im Netz:

- Private Fotos, die mehr zeigen, als ein Arbeitgeber sehen sollte.
- Rechtschreibfehler in Ihrem Xing-/LinkedIn-Profil.
- Unstimmigkeiten zwischen Lebenslauf und Xing-/LinkedIn-Profil.
- Illoyale Aussagen zum Beispiel über frühere Arbeitgeber.
- Alles, was auf Alkohol- oder Drogenmissbrauch hindeutet.
- Jeder unangemessene Inhalt wie zum Beispiel extreme Meinungen.

Wann haben Sie das letzte Mal Ihren Namen *gegoogelt*? Kennen Sie Ihre Spuren im Netz? Wissen Sie, welche Fotos und Informationen Sie oder andere über Sie online stellen beziehungsweise bereits online gestellt haben? Und wie sehen Ihre Sicherheitseinstellungen bei den verschiedenen Portalen aus?

Überprüfen Sie Ihren Onlineruf fortlaufend, indem Sie sich immer wieder einmal selbst googeln oder zum Beispiel bei Google die Funktion *Google Alerts* einrichten. Dabei handelt es sich um eine kostenfreie Möglichkeit, interessante neue Inhalte im Netz zu verfolgen und sich per E-Mail benachrichtigen zu lassen, sobald im Internet etwas über diesen Inhalt erscheint. Bei diesem interessanten Inhalt kann es sich natürlich auch um Ihren eigenen Namen handeln. Immer, wenn irgendwo auf der Welt irgendetwas zu Ihrem Namen erscheint, werden Sie von *Google Alerts* darüber informiert.

Ist Ihr guter (Online-)Ruf bereits in Gefahr? Haben Sie Fotos oder Informationen über sich gefunden, die mehr verraten, als Ihnen lieb ist? Dann veranlassen Sie die Entfernung dieser Einträge. Es gibt professionelle Anbieter wie zum Beispiel *www.deinguterruf.de,* die negative Einträge im Internet schnell, gründlich und unkompliziert entfernen lassen. Die Entfernung kostet allerdings Geld, wobei dieses sicherlich gut angelegt ist, wenn Sie dafür von rufschädigenden Einträgen dauerhaft befreit sind.

Sobald Sie durch Ihren ersten persönlichen Telefonkontakt und mit Ihren *perfekten* Bewerbungsunterlagen das Interesse eines Arbeitgebers wecken konnten und der zuständige Personaler im Internet keine negativen Informationen über Sie findet, ist der nächste Schritt oft ein Onlinetest – bevor es dann zu einem Telefon- oder Skype-Interview oder gleich zu einem persönlichen Vorstellungsgespräch geht.

Wie Sie sich auf Onlinetests vorbereiten

Sobald Ihre Bewerbung auf eine Stellenanzeige online eingegangen ist oder ein Personaler Ihr Profil bei Xing gefunden hat, können Softwareprogramme Ihren Lebenslauf und Ihr Anschreiben, Ihre Zeugnisse und alle weiteren Angaben, die Sie in Freitextfeldern gemacht haben, durchkämmen und auswerten. Algorithmen analysieren Ihre Daten und Texte, suchen nach Mustern in der Vergangenheit und verwenden diese zur Vorhersage Ihrer künftigen Arbeitsleistung. Und das alles, ohne auf Ihr Geschlecht, auf Ihre Herkunft oder auf Sympathie zu achten. Elektronische Filter übernehmen die Entscheidung darüber, ob Sie aussortiert werden – oder nicht. Unbestechlich und völlig neutral. Wer übrigbleibt, wird im nächsten Schritt entweder zu einem Jobinterview eingeladen oder durchläuft zunächst eine weitere unpersönliche Auswahlstufe – einen Onlinetest zu Hause vor dem eigenen Rechner.

In Onlinebewerbertests wie beispielsweise kognitiven Leistungstests, Persönlichkeitsfragebogen, Online-Assessments oder zeitversetzten Videointerviews ohne Interviewer filtern Arbeitgeber weitere Bewerber heraus, die mit großer Wahrscheinlichkeit nicht auf die offene Stelle passen. Die elektronische Kandidatenvorauswahl macht den weiteren Verlauf der Personalauswahl günstiger, schneller und effektiver. Der Arbeitgeber kann sich anschließend auf die wenigen, wirklich interessanten Kandidaten konzentrieren, die zu einem persönlichen Interview eingeladen werden. Die folgenden fünf Kategorien von Onlinetests werden unterschieden:

1. K.-o.-Listen: Einfache Ja-/Nein-Fragen, mit denen harte Kompetenzen geprüft werden. Beispiel: Führerschein, Muttersprache, Hochschulabschluss.

2. Psychologische Leistungstests: Intelligenz-, Konzentrations- oder Kreativitätstests, mit denen kognitive Leistungsmerkmale geprüft werden.

3. Psychologische Persönlichkeitstests: Fragebogen, mit denen Motivation, Arbeitseinstellung, Führungsfähigkeit und weitere Persönlichkeitsmerkmale geprüft werden.

4. Online-Assessment: Assessment-Center-Bausteine wie Fallstudien, Planspiele oder Postkorbaufgaben, mit denen Arbeitsweise und -ergebnis bewertet und Persönlichkeitsausprägungen geprüft werden.

5. Videointerview (zeitversetzt): Bewerber erhalten einen Link zu einer Videoplattform. In strukturierter Form müssen sie dann auf Fragen antworten, die Ihnen schriftlich am Bildschirm gezeigt werden. Dabei läuft eine Kamera. Ein Interviewer ist nicht dabei.

Bereiten Sie sich gut auf einen möglichen Onlinebewerbertest vor. Achten Sie auf eine stabile Internetverbindung. Stellen Sie sicher, dass Sie ungestört arbeiten können, und planen Sie genügend Zeit ein – am besten vereinbaren Sie keine engen Folgetermine. Machen Sie einen Onlinetest zu einer Tageszeit, zu der Sie fit sind. Schauen Sie sich zur Vorbereitung verschiedene Testabläufe genau an. Googeln Sie dazu den Begriff »*Onlinetests*«. Sie werden zahlreiche kostenfreie Übungstests finden. Wer diese Hürde erfolgreich meistert, steht kurz vor dem eigentlichen Höhepunkt im gesamten Bewerbungsprozess: dem Vorstellungsgespräch. Beherrschen Sie dafür die Kunst der Selbstpräsentation?

DAS VORSTELLUNGSGESPRÄCH – DIE KUNST DER SELBSTPRÄSENTATION

Herzlichen Glückwunsch! Sie halten eine Einladung zu einem Jobinterview in Händen. Das heißt, ein Arbeitgeber ist wirklich an Ihnen und an Ihrer Arbeitskraft interessiert – egal wie alt Sie sind. Bis hierher war eigentlich alles nur ein Vorspiel. Jetzt geht es um die Wurst. Jetzt haben Sie die Chance, Ihr Gegenüber persönlich von sich und von Ihren Fähigkeiten zu überzeugen – und sich einen ersten Eindruck von dem Unternehmen zu verschaffen, das möglicherweise Ihr neuer Arbeitgeber wird.

Dabei spielt es zunächst keine Rolle, auf welchem Weg das Interview geführt wird – ob per Telefon, per Skype, Facetime oder gleich persönlich. Es geht immer darum, sich präzise und passgenau zur ausgeschriebenen Stelle zu präsentieren – und die Fallen 50 plus zu umgehen. Da es zu jeder einzelnen Form des Auswahlinstruments *Bewerbungsgespräch* und *Assessment-Center* meterweise Literatur auf dem Ratgebermarkt gibt (vgl. *Literatur*), beschreibe ich hier besonders die Punkte, die Sie mit 50 plus beachten müssen, um erfolgreich zu sein. Um das Interview zu meistern, können Sie alles, was Sie bis hierher gelesen und gelernt haben, nutzen. Das Ziel heißt nun: ein Arbeitsvertrag.

Was im Jobinterview für 50-Jährige wirklich zählt

Ein Jobinterview ist einem Date bei der Partnersuche sehr ähnlich. Im Gespräch geht es darum herauszufinden, ob man es sich vorstellen kann, eine Beziehung miteinander einzugehen – zumindest für eine gewisse Zeit. Ein *perfektes* Jobinterview hat deshalb viel weniger mit *perfekt sein müssen* zu tun, als viele glauben. Für einen Arbeitgeber geht es immer darum, die folgenden fünf Punkte zu klären:

1. Mögen wir Sie?
2. Können wir es uns vorstellen, mit Ihnen zusammenzuarbeiten?
3. Bringen Sie die praktischen Erfahrungen, Fähigkeiten und Kenntnisse mit, die gebraucht werden?
4. Sind Sie leistungsmotiviert?
5. Passen Sie in die Unternehmens- und Teamkultur?

Den Personaler interessieren alle Details, die darauf hindeuten, wie Sie als Mensch sind und wie Sie als neuer Mitarbeiter arbeiten werden. Sobald Sie im Gespräch mit dem Personalentscheider zusammentreffen – also mit dem, der wirklich die Macht darüber hat zu entscheiden, Sie einzustellen, nicht nur jemanden, der damit beschäftigt ist, so viele Kandidaten wie möglich zu eliminieren –, gibt es nur fünf essenzielle Fragen, die Sie beantworten können müssen. Auch wenn Ihnen diese Fragen nicht direkt oder vielleicht sogar gar nicht gestellt werden. Ein Personaler fragt sich immer:

Warum sind Sie hier? Das ist die Frage nach Ihrer Motivation. Warum wollen Sie mit 50 plus den Arbeitgeber wechseln? Oder warum hat sich Ihr ehemaliger Arbeitgeber von Ihnen getrennt? Was ist Ihre Wechselstory? Warum wollen Sie für das Unternehmen arbeiten? Was wissen Sie über das Unternehmen? Was spricht Sie an der Stelle besonders an? Hier geht es um Ihre *»Weg-von-Motivation«* auf der einen und um Ihre *»Hin-zu-Motivation«* auf der anderen Seite. Ein kleiner Tipp für Sie: Verwenden Sie maximal 30 Prozent Ihrer Motivationsargumentation für das *»Weg-von«* und 70 Prozent für das »*Hin-zu*« – also für Ihre Antwort auf die Frage: »*Warum wollen Sie für unser Unternehmen und auf dieser Position arbeiten?*«

Was können Sie für uns tun? Das ist die Frage nach Ihren Fähigkeiten und Kenntnissen. Welche übertragbaren Fähigkeiten bringen Sie für die Anforderungen an den Job mit? Welche Kompetenzen können Sie zur Lösung der Probleme im Unternehmen einsetzen?

Was für ein Mensch sind Sie? Das ist die Frage nach Ihren persönlichen und sozialen Eigenschaften und Einstellungen. Passen Sie zum Unternehmen, in die Abteilung und ins multikulturelle Team? Haben Sie die Art von Persönlichkeit, die es Kollegen und Chefs – ob jung oder alt – leicht macht, mit Ihnen zusammenzuarbeiten? Wie flexibel, belastbar und offen, wie kritikfähig, lernbereit und lösungsorientiert sind Sie?

Können wir es uns leisten, Sie einzustellen? Das ist die Frage nach dem Gehalt. Wie hoch sind Ihre Gehaltsvorstellungen? Wie hoch war Ihr letztes Gehalt? Haben Sie eine realistische Einschätzung Ihres Marktwerts? Sind Sie Ihren Preis wert? Sind Sie verhandlungsbereit?

Können wir Ihnen vertrauen? Das ist die Frage nach Ihrer Glaubwürdigkeit. Natürlich fragt Sie kein Interviewer danach, ob Sie glaubwürdig sind, ob man Ihnen vertrauen kann, ob Sie die Wahrheit sagen oder lügen. Zum Thema Glaubwürdigkeit werden keine Fragen gestellt. Ihre Glaubwürdigkeit wird als Nebenprodukt Ihrer Antworten (verbal) und Ihres Verhaltens (nonverbal) geprüft.
Die »*Glaubwürdigkeitsfrage*« ist für alle Bewerber von zentraler Bedeutung. Beachten Sie stets: Sie sind nur dann glaubwürdig, wenn das, was Sie mit Worten sagen, und das, was Sie ohne Worte von sich zeigen, übereinstimmt. Drei Beispiele:

- Sie antworten auf die Frage nach Ihren persönlichen Stärken »Ich bin aufgeschlossen und immer an Neuem interessiert.« Ihr

Erscheinungsbild spricht jedoch eine ganz andere Sprache. Auf Ihrer Nase thront eine Brille »Modell vorgestern«, Ihr Kleidungsstil ist aus den 1990er Jahren und Ihre Termine notieren Sie sich immer noch auf Papier. Der Personalentscheider zweifelt, ob ein Mensch, der aussieht »wie gestern«, fit für die Zukunft ist – er zweifelt an Ihrer Glaubwürdigkeit.

- Im Skype-Interview verwenden Sie zu viel Aufmerksamkeit auf die Technik anstatt sich auf die Fragen des Interviewers zu konzentrieren. Sie richten die Kamera aus, stellen Bild und Ton ein, prüfen die Verbindung – und das alles während des Interviews. Als Stärke haben Sie jedoch eine »hohe IT- und Technikaffinität« angeben. Ihr Gegenüber nimmt wahr, dass Sie sich technisch entweder nicht vorbereitet haben oder nicht auskennen, und zweifelt an Ihrer Zukunftsfähigkeit und Glaubwürdigkeit.
- Im Vorstellungsgespräch sitzt Ihnen ein viel jüngerer Personaler mit einem ebenfalls jüngeren Vertreter aus der Fachabteilung gegenüber. Auf die Frage, wie gut Sie in gemischten Teams arbeiten, antworten Sie: »Da habe ich kein Problem mit den Jungen, die könnten ja alle meine Kinder sein.« Dazu lächeln Sie ein wenig wissend – und das war es dann. Was Sie vielleicht humoresk meinten, kommt beim Gegenüber vollkommen anders an. Der hört zwar Ihre Worte »... kein Problem ...«, aber er nimmt sehr wahrscheinlich Vorbehalte gegenüber jüngeren Menschen oder zumindest gegenüber jüngeren Vorgesetzten wahr.

Stimmt das, was ein Bewerber mit Worten sagt, und das, was er ohne Worte mitteilt, nicht überein, hat der Personalentscheider ein Problem. Welcher Information soll er glauben? Den Worten des Bewerbers oder dem, was der Bewerber von sich zeigt? Aus der Psychologie weiß man, dass Menschen bei riskanten Entscheidungen immer dem glauben, was sie sehen und was sie mit allen Sinnen wahrnehmen – sie glauben nicht in erster Linie den Worten, die sie hören oder lesen. Gleichgültig, in welcher Form das Interview geführt wird, das Kriterium der Glaubwürdigkeit entscheidet letztendlich über Job oder nicht Job.

Personaler verfügen in der Regel über eine gute Wahrnehmungsfähigkeit und Menschenkenntnis. Selbst wenn sie nicht konkret benennen können, warum Ihnen ein Bewerber ein unsicheres Gefühl vermittelt, werden sie immer nach der goldenen Personalerregel vorgehen: *Niemals jemanden aus dem Bauch und niemals gegen den Bauch einstellen.* Das bedeutet: *Im Zweifelsfall gegen den Bewerber* – auch wenn die Not in der Fachabteilung und die Notwendigkeit einer zügigen Stellenbesetzung noch so groß sind. Denn eine Fehlbesetzung verursacht viel Unruhe und kostet viel Geld.

Fünf Fallen 50 plus

Auf über 50-Jährige warten im Jobinterview einige Fallen. Doch keine Sorge – Sie können diese Fallen umgehen. Rufen wir uns die sechs wichtigen Wissensstränge des Buches in Erinnerung und verknüpfen diese miteinander.

1. Ihr Wissen um die Bedenken der Arbeitgeber gegenüber Bewerbern 50 plus (»zu teuer«, »zu oft krank«, »will nicht mehr lernen«, »ist unflexibel« und »ist stur«) mit
2. dem Wissen über die VUCA-Welt (unbeständig/flüchtig, unsicher, komplex und mehrdeutig) und
3. dem Bedarf an agilen Mitarbeitern (die Antwort auf VUCA heißt Agilität, das heißt flexibel, proaktiv, antizipativ und initiativ agieren). Kombinieren Sie das
4. mit Ihrer persönlichen Einstellung (auch mit 50 plus können Sie offen, flexibel und lernbereit, kooperativ und teamorientiert sein) und
5. mit Ihren übertragbaren Fähigkeiten (z. B. Kommunikationsfähigkeit, Selbst- und Zeitmanagement, Problemlöse- und Organisationsfähigkeit). Und erinnern Sie sich
6. auch an Ihre Jobfaktoren (Branche, Position, Aufgaben, Arbeitsort, Arbeitszeit, Gehalt).

Das sind die sechs Zutaten für Ihren beruflichen Erfolg. Die Verknüpfung dieser sechs Stränge stellt Ihren roten Faden dar: durch den gesamten Prozess Ihrer beruflichen Neuorientierung, durch die komplette Bewerbungsphase, inklusive der Vorbereitung und Durchführung des Jobinterviews – und darüber hinaus. Denn nachdem Sie den Arbeitsvertrag unterschrieben haben, fängt die Veränderung erst richtig an. Aber dazu später mehr im Abschnitt *Der Arbeitsvertrag – danach ist es nicht vorbei.* Schauen wir uns jetzt die fünf größten Fallen 50 plus einmal genauer an:

1. Mit Kanonen auf Spatzen schießen: Über 50-Jährige listen oft viele Erfolgsgeschichten aus den vergangenen 20, 30 Berufsjahren auf. Weil sie unsicher sind und zeigen wollen, dass sie etwas können. Oder weil sie damit angeben wollen. Beides ist nicht zielführend. Denn ein Arbeitgeber fragt sich unmittelbar, wie das funktionieren soll – ein so erfolgreicher, gestandener Mitarbeiter in einem jungen Team. Besser ist es, den Interviewer wissen zu lassen, wie einige Ihrer bisherigen beruflichen Erfolge, wie Ihre bisherigen Aufgaben und wie Ihre spezifischen Fähigkeiten ihm dabei helfen werden, seine Probleme im Unternehmen zu lösen. Schießen Sie also nicht mit Kanonen auf Spatzen.

2. »Damals, als ich so jung war wie Sie heute ...«: Manche Menschen reden häufig zu viel und hören nicht genau hin. Wenn der Interviewer etwas erzählt oder erklärt, dann tun sie so, als ob sie schon alles wüssten. Besser ist es zuzuhören, Offenheit und Lernbereitschaft zu signalisieren und das Gegenüber in seiner Rolle und mit seinem Know-how zu respektieren und anzuerkennen.

3. Diversität und Digitalisierung: Fünfziger haben den Ruf, gegenüber neuen Technologien und Arbeitsweisen, gegenüber multikulturellen und multigenerationalen Arbeitsteams wenig aufgeschlossen zu sein. Da Sie um die Bedenken der Arbeitgeber wissen, können Sie im Interview darauf eingehen. Erwähnen Sie, dass Sie im letzten Job mit jüngeren Kolleginnen und Kollegen im Team gearbeitet haben und dass Sie bereit sind, Aufträge und Anweisungen von jüngeren Chefs anzunehmen. Signalisieren Sie auch, dass Sie es gewohnt sind, mit neuester IT-Technologie zu arbeiten und sich stetig weiterzubilden (das sollte natürlich alles der Wahrheit entsprechen). Damit zeigen Sie Offenheit und Lernbereitschaft. Das überzeugt einen Arbeitgeber.

4. Vorbereiten und üben: Über 50-Jährige bereiten sich meiner Erfahrung nach zu wenig auf das Jobinterview vor. Viele denken, dass sie den Arbeitgeber mit ihrer umfangreichen Berufserfahrung sowieso leicht überzeugen. Doch das stimmt nicht. Wer unvorbereitet in ein Gespräch geht und nicht präzise auf Fragen antworten kann, bekräftigt damit die Bedenken von Arbeitgebern – dass Bewerber über 50 oft denken, sie wissen und können schon alles und müssen sich nicht mehr vorbereiten und nichts mehr dazulernen. Besser ist es, sich intensiv und sehr systematisch auf jedes einzelne Gespräch vorzubereiten, um eine präzise Antwort auf die drei Fragen zu haben: 1. *»Was braucht die andere Seite von mir?«, 2. »Was davon habe ich anzubieten?«* und 3. *»Wie kann ich das so kommunizieren, dass mich mein Gegenüber auch versteht?«*

5. Dress for Success: Überlegen Sie sich gut, welche Kleidung für die angestrebte Position in der jeweiligen Branche oder dem jeweiligen Unternehmen passen könnte. Hat man viele Jahre in einem Unternehmen gearbeitet, haben Sie sich vielleicht einen Kleidungsstil angewöhnt, der für eine andere Stelle unpassend erscheinen könnte.

Im Jobinterview geht es nicht darum, *perfekt* zu sein. Arbeitgeber suchen keine *perfekten* Mitarbeiter, sondern passende Mitarbeiter. Es geht nicht um *»richtig«* oder *»falsch«*, sondern schlicht um *»passt«* oder *»passt nicht«*. Sobald Sie eine Einladung zu einem Jobinterview in Händen halten, können Sie sicher sein, dass das Unternehmen an Ihnen interessiert ist. Andernfalls hätte man Sie nicht eingeladen. Denn so ein Gespräch mit Vorbereitung, Durchführung und Nachbereitung kostet einen Arbeitgeber eine ganze Menge Zeit und somit Geld. Das Jobinterview stellt einen vorläufigen Höhepunkt für beide Seiten dar. Nutzen Sie diese Chance.

Fünf Chancen 50 plus

Wo es Fallen gibt, da gibt es auch Chancen. Damit aus einer Einladung zum Vorstellungsgespräch ein Arbeitsvertragsangebot wird, können Sie die folgenden fünf Punkte beachten. Präsentieren Sie sich damit als aufgeschlossener, lernbereiter, kooperations- und kommunikationsfähiger Bewerber.

1. Rollenklarheit: Machen Sie sich klar, wer Ihnen gegenübersitzen wird und wie die Rollen verteilt sind. Sitzt ein Personaler mit am Tisch, ist es seine Rolle, alles zu erkennen, das für, aber auch was gegen Sie spricht. Sie erinnern sich an den Personalerblick: »*Finde den, den du eliminieren kannst.*« Ein Vertreter der Fachabteilung ist weniger kritisch. Der will Entlastung in seiner Abteilung und Sie deshalb erfahrungsgemäß eher einstellen – soweit Sie die fachlichen Qualifikationen und praktischen Fähigkeiten mitbringen. Wichtig für Sie zu wissen: Zwar hat die Stimme des Fachabteilungsleiters in der Regel mehr Gewicht als die des Personalers, aber selten trifft er eine Entscheidung gegen dessen Rat. Deshalb ist es Ihre Aufgabe, beide zu überzeugen. Bei mir in der Karriereberatung sitzen immer wieder über 50-Jährige, die mir erzählen, wie sehr sie sich darüber ärgern, dass sie von »*jungen Hüpfern*« interviewt werden, die »*gar keine Ahnung vom Geschäft haben*«. Achtung! Im Jobinterview können und müssen Sie beweisen, wie offen und aufgeschlossen Sie gegenüber jungen Menschen eingestellt sind – den jungen Menschen, die später Ihre Kollegen sein werden. Nutzen Sie die Chance! Sie wurden zu einem Jobinterview eingeladen, weil man sich aufgrund Ihrer Bewerbung vorstellen kann, dass Sie passen. Das heißt, Sie haben etwas zu bieten. Begegnen Sie Ihren Interviewern ohne Vorbehalte, offen und auf Augenhöhe. Sie müssen Ihr Licht nicht unter den Scheffel stellen, aber sich selbst eben auch nicht überhöhen. Die *Generation Y* ist nicht klüger und nicht weniger klug als wir.

2. Dialog: Im Vorstellungsgespräch geht es darum, gegenseitig Fragen zu stellen und Informationen zu bekommen, um sich darüber klar zu werden, ob man miteinander arbeiten will. Nach dem *Warming-up* geht es los. Die klassischen Fragen sind bekannt. Und trotzdem ist es eine Herausforderung, darauf zufriedenstellend zu antworten. Das fängt schon mit der ersten Frage an: *»Bitte stellen Sie sich kurz persönlich vor und beschreiben Sie Ihren bisherigen beruflichen Werdegang.«* Wer 20, 30 Berufsjahre auf dem Buckel hat, der hat was zu erzählen, und das machen viele Bewerber auch.

In Personalauswahlgesprächen erlebe ich immer wieder Bewerber über 50, die in Ihrer Selbstpräsentation bei Adam und Eva anfangen und sich zu lange in der Vergangenheit aufhalten, statt einige berufliche Erfolge mit ihren übertragbaren Fähigkeiten zu verknüpfen und diese auf die Anforderungen der zukünftigen Stelle zu beziehen. Nutzen Sie die Intervieweröffnung dafür, um gleich auf den Punkt zu kommen: Was machen Sie aktuell (oder was haben Sie bei Ihrer letzten Arbeitsstelle gemacht) und welche Fähigkeiten bringen Sie mit, die für die neue Stelle relevant sind. Ohne Vorbereitung und Übung schafft das kaum jemand.

Auch bei der Wechselstory geraten viele aufs Glatteis: *»Warum wollen Sie wechseln?«* Darauf eine einfache und auf jeden Fall loyale Antwort zu geben, ist, je nachdem was beim alten Arbeitgeber passiert ist, nicht gerade einfach. Zum Glück haben Sie Ihr *Erste-Hilfe-Kit* (vgl. Kapitel 3) parat und können das.

Und weiter geht es mit dem Parcourslauf. Ich liste hier nur einige Fragen auf, die besonders für über 50-Jährige wichtig sind. Überlegen Sie bei jeder einzelnen Frage, was Sie antworten wollen, und üben Sie Ihre Antworten.

Achten Sie immer darauf, dass ein Jobinterviewer Sie mit einzelnen Fragen vielleicht auch aus der Reserve locken, unter Stress setzen oder Sie sogar leicht provozieren will. Lassen Sie sich nicht aus der Ruhe bringen. Denken Sie immer daran: Ihr Gegenüber hat Sie eingeladen, weil er an Ihnen und an Ihrer Arbeitskraft interessiert ist. Stress- oder Provokationsfragen dienen lediglich dazu herauszufinden, wie Sie damit umgehen und wie Sie unter Druck reagieren. Wer hier gereizt oder laut antwortet, ist draußen. Wer ruhig bleibt, überzeugt.

- »Was machen Sie aktuell?«
- »Warum sind Sie schon so lange arbeitslos?«
- »Worauf ist es Ihrer Meinung nach zurückzuführen, dass Ihr alter Arbeitgeber Personal abbauen musste?«
- »Warum wurden Sie für die Freisetzung ausgewählt?«
- »Können Sie sich nach so vielen Jahren im selben Unternehmen überhaupt noch umstellen?«
- »Woran sehen wir, dass Sie noch lernfähig sind?«
- »Wann haben Sie Ihre letzte Fortbildung besucht?«
- »Was wollen Sie noch lernen?«
- »Wie reagieren Sie auf Kritik?«
- »Haben Sie schon einmal Ihren Vorgesetzten kritisiert?«
- »Wie integrieren Sie sich in ein Team?«
- »Wie lösen Sie einen Konflikt im Team?«
- »Was war Ihr größter beruflicher Misserfolg?«
- »Welche mittelfristigen beruflichen Ziele haben Sie?«
- »Wie halten Sie sich persönlich fit?«
- »Wie lange wollen Sie noch arbeiten?«
- »Was wollen Sie verdienen?«

Ein Vorstellungsgespräch ist im besten Fall ein Dialog. Durch Ihre Vorbereitung darauf haben Sie sicherlich einige Fragen an Ihren möglicherweise zukünftigen Arbeitgeber, auf die Sie gerne eine Antwort hätten. Stellen Sie Ihre Fragen, denn auch Sie brauchen Ihre Informationen, um eine Entscheidung treffen zu können. Außerdem signalisieren Sie damit Interesse und Offenheit. Beschränken

Sie sich jedoch auf die wirklich wichtigen Fragen, die Sie sich im Vorfeld trotz Ihrer guten Recherche nicht selbst beantworten konnten. Hier sind einige Beispielfragen:

- »Welche Aufgaben und Verantwortung beinhaltet der Job konkret?«
- »An wen berichte ich direkt?«
- »Wie viele Mitarbeiter arbeiten in der Abteilung?«
- »Welches sind die Topfähigkeiten, die ein erfolgreicher Mitarbeiter auf dieser Stelle benötigt?«
- »Welche besonderen Herausforderungen sind mit der Stelle verbunden?«
- »Wie hat sich das Unternehmen in den letzten fünf Jahren entwickelt?«
- »Welche Entwicklungen sehen Sie in der Zukunft?«

3. Vier Gesprächsregeln: Sie werden in einem Jobinterview Ihr Gegenüber leichter überzeugen, wenn Sie vier einfache Gesprächsregeln beherzigen.

Erstens: Die *50/50-Regel.* Rund 50 Prozent der Gesprächszeit sollten Sie reden, 50 Prozent der Zeit zuhören. Wer zu wenig redet, verpasst die Chance zu zeigen, was er kann und wie er ist. Wer zu viel redet, ignoriert die Bedürfnisse des Arbeitgebers – und entspricht damit den Bedenken vieler Personaler, dass sich ältere Bewerber nicht mehr auf ihr Gegenüber einstellen können.

Zweitens: Die *30/120-Regel.* Einzelne Antworten sollten nicht länger als rund zwei Minuten, aber auch nicht kürzer als rund 30 Sekunden dauern. Wer zu lange antwortet, wird als jemand wahrgenommen, der nicht auf den Punkt kommt – was über 50-Jährigen sowieso vorgehalten wird. Antworten Sie zu kurz, können Sie als wortkarg und mürrisch angesehen werden – auch das ist ein verbreitetes Bedenken. Üben Sie mit einer Stoppuhr.

Drittens: *Lächeln Sie!* Lächeln Sie echt und ehrlich von Herzen. Die kürzeste Verbindung zwischen zwei Menschen ist ein Lächeln. Damit wirken Sie freundlich und sympathisch, kooperativ und offen.

Viertens: Machen Sie Beispiele. Antworten Sie, so oft es möglich ist, anhand von konkreten Beispielen aus Ihrer jüngeren Arbeitspraxis. Das verleiht Ihren Antworten Präzision, Anschaulichkeit und Glaubwürdigkeit. Außerdem machen Sie es sich mit Beispielen aus Ihrer eigenen Arbeitspraxis sehr viel leichter zu antworten. Sie müssen nämlich keine Antworten erfinden oder auswendig lernen, Sie müssen sich lediglich daran erinnern, was Sie bereits wann und wo erfolgreich gearbeitet haben. Mit diesen einfachen Gesprächsregeln zeigen Sie einem Interviewer Ihre Kommunikationsfähigkeiten.

4. Loyalität: Reden Sie niemals schlecht über jemanden – besonders nicht über einen ehemaligen Arbeitgeber. Selbst wenn Ihr Ex-Chef ein übler Typ war, sollten Sie diese Regel beherzigen. Ein zukünftiger Arbeitgeber würde ansonsten befürchten, dass Sie ebenso schlecht über ihn reden, wenn es während der Anstellung einmal nicht so läuft, wie Sie sich das wünschen oder wenn das Arbeitsverhältnis beendet wird. Loyalität kann besonders für Bewerber 50 plus eine Herausforderung werden, die Ihren letzten Arbeitsplatz auf eine für sie unangenehme Art und Weise verloren haben. Hier ist es besonders wichtig zu klären, was passiert ist und warum – und das Ganze dann auch konstruktiv zu verarbeiten. Ansonsten sitzen Sie im Jobinterview einem möglichen zukünftigen Arbeitgeber gegenüber und reden sich um Kopf und Kragen. Reden Sie immer wohlwollend über andere – auch wenn es Ihnen manchmal schwerfällt.

5. Erscheinungsbild: Überlegen Sie einmal, wie wenig Zeit Sie in einem Vorstellungsgespräch haben, um die andere Seite davon zu überzeugen, dass Sie ein Jahresgehalt von 40 000 Euro, 50 000 Euro, 100 000 Euro oder mehr wert sind. Die Antwort liegt auf der Hand: eigentlich zu wenig Zeit! Diese wenige Zeit können Sie nutzen, um sich zu zeigen. Im wahrsten Sinne des Wortes. Achten Sie auf Ihr Erscheinungsbild. Dazu müssen Sie kein Modeexperte werden, aber unterschätzen Sie nicht die Wirkung eines modernen Kleidungsstils, der zu Ihrem Typ passt. Frauen haben hier oft weniger Probleme als Männer. Für Bewerber 50 plus gilt: Nutzen Sie Ihre ganze Erscheinung, von den Schuhen bis zum kleinsten Accessoire, das Sie zum Jobinterview mitnehmen, um bei Ihrem Gegenüber den Eindruck zu hinterlassen, den Sie hinterlassen wollen. Den Eindruck eines Bewerbers, der flexibel, proaktiv, antizipativ und initiativ agiert und der offen und lernbereit für die Zukunft ist. Das alles können Sie mit Ihrem gesamten Erscheinungsbild transportieren. Vielleicht lohnt sich für Sie eine Typberatung. Und denken Sie auch über einen Besuch beim Friseur, eventuell sogar beim Zahnarzt und beim Optiker nach. Googeln Sie einmal nach den Suchworten »*Stilberatung*« oder »*Typberatung*«.

Die Gehaltsfrage

Geld ist nicht alles, und dennoch scheitern am Geld viele Arbeitsverträge – besonders bei Bewerbern über 50. Zur Passung zwischen einem Arbeitgeber und einem Bewerber gehören eben auch gegenseitig akzeptierte finanzielle Vorstellungen. Als Jobsucher brauchen Sie deshalb eine Antwort auf die Frage »*Was wollen Sie bei uns verdienen?*« und eine gute Strategie für die Gehaltsverhandlung. Das Thema Gehalt ist eine schwierige Sache. Da sind die großen Bedenken auf Seiten der Arbeitgeber, dass wir mit über 50 »*zu teuer*« sind. Und der verständliche Wunsch auf unserer Seite, dass wir uns mit 50 plus finanziell nicht unbedingt massiv verschlechtern wollen. Doch selbst wenn wir bereit sind, weniger, viel weniger Gehalt zu akzeptieren, ist das oft keine Lösung. Denn dann müssen wir der anderen Seite gegenüber plausibel erklären, warum wir trotz eines geringeren Gehalts immer noch motiviert und leistungsbereit arbeiten werden. Bei der Gehaltsfrage sitzen wir oft in einer Zwickmühle.

Beim Gehalt gilt eine ganz wichtige Leitlinie: Der Maßstab für Ihren Gehaltswunsch ist das aktuell marktübliche Gehalt für die

Arbeitsleistung, die Sie mit Ihrer Qualifikation und Ihren Fähigkeiten in der angestrebten Position, in der Firma, der Branche und der Region erbringen können – nicht etwa der Eurobetrag, der auf Ihrem letzten Gehaltszettel stand, oder der Geldbetrag, den Sie für Ihren persönlichen Lifestyle benötigen. Beides interessiert den neuen Arbeitgeber wenig. Je früher Sie sich mit dieser Realität auseinandersetzen, desto eher werden Sie Ihre berufliche Neuorientierung realisieren können.

Die gute Nachricht an dieser Stelle: Sie sind bereits bis zum Jobinterview gekommen. Bis zu diesem Zeitpunkt wurde die Gehaltsfrage ziemlich sicher bereits telefonisch oder über die Bewerbungsunterlagen angesprochen. Zumindest die grobe Richtung scheint zu stimmen – sonst hätte man Sie nicht eingeladen. Und noch eine gute Nachricht: Obwohl ganze Bücher über das Gehaltsthema geschrieben werden, müssen Sie grundsätzlich nur fünf Dinge wissen, um bei einer Gehaltsverhandlung eine gute Figur zu machen. Sie müssen wissen:

- wie Sie sich gut vorbereiten,
- wann der richtige Zeitpunkt im Gespräch ist, um über das Thema Gehalt zu sprechen,
- welches die richtigen Argumente für Ihre Gehaltsvorstellung sind,
- wie realistische Gehaltsvorstellungen aussehen und
- wie Sie einen verbindlichen Abschluss beim Thema Gehalt erzielen.

1. Vorbereitung: Recherchieren Sie gründlich, wie viel Gehalt für Sie marktüblich ist. Orientieren Sie sich dabei nicht an der Vergangenheit, sondern an den sechs gehaltsrelevanten Kriterien *Region*, *Branche*, *Firma*, *Position*, *Qualifikation* und *Geschlecht*. In Deutschland herrscht noch immer der *Gender Pay Gap*, das bedeutet, dass selbst bei bereinigten statistischen Werten Frauen bei gleicher Qualifikation und auf gleicher Position weniger Gehalt beziehen als Männer. Das ist nicht gerecht! Aber das ist leider immer noch eine Realität. Vielleicht ändert sich durch das neue Entgelttransparenzgesetz (2018) etwas daran. Auf jeden Fall ist es wichtig, dass immer mehr gut ausgebildete, selbstbewusste Frauen in der Gehaltsverhandlung im Vorstellungsgespräch und auch später, wenn es um eine Gehaltserhöhung geht, souverän auftreten und gut für sich selbst verhandeln. Außerdem existieren ein Süd-Nord- und ein West-Ost-Gefälle. Im Süden und Westen Deutschlands sind die Gehälter in vergleichbaren Branchen, in vergleichbaren Unternehmensgrößen, auf vergleichbaren Positionen und bei vergleichbarer Qualifikation durchschnittlich höher als im Norden und Osten. Ansonsten gibt es massive Gehaltsunterschiede nach Branchen. Ingenieure im Tunnelbau verdienen in der freien Wirtschaft gut das Doppelte im Vergleich zu Ingenieuren im öffentlichen Dienst. Kaufleute beziehen in der Pharmabranche oder im Maschinenbau weit mehr als im Einzelhandel.

Mit einer realistischen Selbst- und Gehaltseinschätzung punkten Sie im Jobinterview. Die Bedenken, dass Ihre Gehaltsvorstellungen zu hoch und Sie damit *»zu teuer«* sind, können Sie mit guten Argumenten ausräumen. Geben Sie in Ihrer bevorzugten Suchmaschine (z. B. Google) das Stichwort *»Gehalt«* zusammen mit Ihrem Jobtitel und Ihrer Zielfirma ein. Mit einem Mausklick und ein wenig Glück haben Sie sogar direkt einen Treffer zum Gehaltsgefüge des Arbeitgebers, der Sie zu einem Jobinterview eingeladen hat. Auf jeden Fall finden Sie damit weitere Informationsseiten wie www.gehalt.de oder www.gehaltsvergleich.com, auf denen Sie erste Anhaltspunkte bekommen. Bei manchen Arbeitgebern, wie dem öffentlichen Dienst oder tarifgebundenen Industriebetrieben, gibt es wenig Verhandlungsspielraum. Hier gelten die jeweiligen Tarifverträge oder die Gehaltsgefüge des Entgeltrahmenabkommens (ERA). Googeln Sie danach. Mit diesen Informationen können Sie auch bei schwierigen Fragen leicht argumentieren. Zum Beispiel auf die Frage des Personalers:

»Aber Sie haben im letzten Job doch gut 15 000 Euro im Jahr mehr Gehalt bezogen. Da werden Sie doch unzufrieden bei uns?« Sie antworten: »Wissen Sie, bei meinem letzten Arbeitgeber war ich zwölf Jahre angestellt und habe entsprechend eine hohe Gehaltsstufe erreicht. Ich weiß aber, dass in Ihrer Branche und hier in der Region für meine Qualifikation und für meine Fähigkeiten ein Gehalt von XX marktüblich ist. Da bin ich ganz realistisch. Außerdem ist das ein Ansporn, um mit guter Leistung und Zielerreichung mein Gehalt nach oben zu entwickeln. Wie sehen bei Ihnen die Möglichkeiten der Gehaltsentwicklung aus?« Damit sind Sie raus aus der Zwickmühle.

2. Der richtige Zeitpunkt im Gespräch: Das Gehaltsthema wird in Deutschland in der Regel vom Personaler am Ende des ersten oder zweiten Jobinterviews angesprochen. Sprechen Sie das Thema Geld von sich aus nicht an – zumindest nicht so lange, bis Sie sich recht sicher sind, dass die andere Seite Sie haben will. Oft werden Sie vom Arbeitgeber gebeten, Ihren Gehaltswunsch im Bewerbungsanschreiben zu nennen. Manchmal gibt es ein Telefoninterview und Sie werden bereits zu diesem Zeitpunkt nach Ihren Gehaltsvorstellungen gefragt. Oder aber ein Personaler fragt Sie gleich zu Beginn des Jobinterviews. Das sind alles ungünstige Zeitpunkte, da der Arbeitgeber noch gar nicht richtig einschätzen kann, was Sie alles an übertragbaren Fähigkeiten mitbringen. Dennoch müssen Sie natürlich Farbe bekennen, wenn ein Personaler nach Ihren Gehaltswünschen fragt. Hier zahlt sich eine gute Recherche und Vorbereitung aus.

3. Die richtigen Argumente wählen: Argumentieren Sie niemals mit hohen Mietkosten, der Ausbildung Ihrer Kinder, dem Jobverlust Ihrer Frau, mit Ihren 25 Berufsjahren oder Ihrem letzten Gehalt. Versetzen Sie sich in die Lage eines Personalers. Für ihn zählt einzig und allein, welchen Beitrag Sie zukünftig zum Erfolg seines Unternehmens leisten können. Dieser Beitrag hängt von Ihrer Qualifikation, Ihren übertragbaren Fähigkeiten, Ihren besonderen Kenntnissen wie Sprach-, IT- oder Fachkenntnissen, Ihrer Leistungsmotivation und Ihren persönlichen und sozialen Eigenschaften und Einstellung ab. Argumentieren Sie immer mit Ihrem möglichen wertvollen Beitrag zum zukünftigen Erfolg des Unternehmens.

4. Realistische Gehaltsforderungen stellen: Das heißt, nicht zu hoch pokern, aber sich auch nicht unter Wert verkaufen. Wer zu hoch pokert, macht sich unglaubwürdig, wer sich unter Wert verkauft, schätzt seine eigene Leistungsfähigkeit gering ein. Der Personaler wird sich für den passenden Kandidaten mit dem passenden Gehaltswunsch entscheiden. Nicht für den billigsten. Sollte das angebotene Gehalt unter Ihrer Wunschvorstellung liegen, können Sie verschiedene Zusatzleistungen verhandeln, zum Beispiel Fahrtkostenzuschuss, freies Mittagessen in der Firmenkantine, Beteiligung an Versicherungen, leistungsabhängige Boni, Firmenhandy oder Ähnliches. Googeln Sie einmal das Stichwort *»Zusatzleistungen Arbeitgeber«*. Sie werden überrascht sein, was es da alles gibt.

5. Der verbindliche Abschluss: Es genügt nicht, wenn Sie Ihre Gehaltsvorstellung genannt haben und der Personaler sich die Zahl notiert hat. Sie befinden sich mit dem Personaler in einem Dialog. Sie brauchen eine Rückmeldung dazu, ob Ihre Vorstellung im Budget des Arbeitgebers und im Gehaltsgefüge des Unternehmens liegt. Fragen Sie im Zweifelsfalle nach: *»Entspricht meine Gehaltsvorstellung dem Budget der Stelle?«*

In der Karriereberatung 50 plus ist das Thema Gehalt immer ein heißes Eisen. Am Geld hängen viele Emotionen – oft mehr als uns selbst bewusst und lieb ist. Wenn wir über viele Jahre ein ordentliches Gehalt bezogen haben, gehen wir wie selbstverständlich davon aus, dass uns das auch in der Zukunft zusteht. Doch das ist nicht der Fall. Auch hier verändert sich die Welt. In der Karriereberatung gebe ich oft ein Beispiel. Eines, das zugegebenermaßen ein wenig heikel ist und in der persönlichen Beratung deshalb gut funktioniert, weil mir die Menschen gegenübersitzen und wir eine gute Vertrauensbasis aufgebaut haben. Ich möchte das Beispiel erzählen, obwohl Sie heute nicht mit mir zusammensitzen, sondern mit meinem Buch. Es ist ganz kurz:

Vergleichen Sie einmal die PC-Preise im Jahr 1990 mit den PC-Preisen von heute. Vieles war vor fast 30 Jahren teurer als heute. Würden Sie freiwillig die gleichen hohen Preise der Vergangenheit bezahlen, wenn Sie die Leistung auch zu einem günstigeren Preis bekommen können? Meine Klienten sagen hier durch die Reihe: »Natürlich nicht! Warum sollte ich?«

Unternehmern und Personalentscheidern geht das genauso. In der Regel planen Arbeitgeber für eine Stelle etwas Spielraum im Budget ein. So viel wie es eine Wirtschaftlichkeitsbetrachtung und der Gehaltsrahmen im Unternehmen eben zulassen. Außerhalb dieser Bandbreite sind den Personalentscheidern oft die Hände gebunden. Selbst wenn Sie gerne mehr Gehalt zahlen würden, um die besten Köpfe zu bekommen, ist das häufig aus betriebswirtschaftlichen Gründen nicht möglich. Außerdem gibt es auf dem Arbeitskräftemarkt junge Berufsstarter, die – so wie wir selbst damals – gut ausgebildet und bereit sind, zu einem deutlich geringeren Gehalt einzusteigen. Zwar müssen die jungen Berufseinsteiger noch aufwändiger eingearbeitet werden, aber unterm Strich ist das für einen Arbeitgeber immer noch günstiger, als einen über 50-Jährigen einzustellen, der sich bei seinen Gehaltsvorstellungen nicht verhandlungsbereit zeigt. Deshalb kommen Sie mit 50 plus nicht darum herum, mit realistischen Vorstellungen eines marktüblichen Gehalts und guten Argumenten ins Rennen zu gehen.

Telefon-, Skype- oder Facetime-Interview

Ein Telefon-, Skype- oder Facetime-Interview wird bei Arbeitgebern immer beliebter. Diese Vorgehensweise passt zur mobilen und flexiblen Arbeitswelt und erspart Bewerbern wie Arbeitgebern oft viel Zeit und Kosten. Ein Jobinterview per Telefon oder Videochat kann für Sie weniger Druck und Stress bedeuten, da Sie sich in Ihrer gewohnten Umgebung befinden und sich sicherer fühlen. Doch auch wenn der Personalchef nicht physisch anwesend ist – auf die leichte Schulter nehmen sollten Sie das digitale Jobinterview nicht. Der Nachbar, der Sturm klingelt, oder ein Poster an der Wand – es gibt viele kleine Störfaktoren mit großer, leider negativer Wirkung. Damit es bei Ihnen nicht so weit kommt, sollten Sie den Ablauf eines Telefon- oder Videointerviews vorher üben. Hier sind die acht wichtigsten Tipps:

1. Technik: Investieren Sie Geld in ein gutes Headset und eine vernünftige Videokamera. Machen Sie sich mit der Technik und dem Skype- oder Facetime-Programm vertraut. Platzieren Sie die Kamera auf Augenhöhe.

2. Profil: Bei Skype und Facetime können Sie Ihr Profil gestalten. Stellen Sie Ihr aktuelles Bewerbungsbild als Profilfoto ein. Nutzen Sie das Über-mich-Feld im Profil für Ihren beruflichen Pitch. Und wählen Sie einen seriösen Skype-Namen: Pussycat66 oder KingKobra69 gehören sicher nicht dazu.

3. Location: Wählen Sie Ihren Skype- oder Facetime-Ort bewusst aus. Was immer außer Ihnen noch auf dem *Screen* erscheint, wird bemerkt, gedeutet und bewertet – und meist nicht zu Ihren Gunsten. Halten Sie Ihren Hintergrund deshalb so neutral wie möglich. Bereits ein Blick auf den nicht aufgeräumten Couchtisch oder eine verstaubte Yuccapalme – und schon sind Sie sozial eingeordnet und als Typ einsortiert – ob es stimmt oder nicht.

4. Übung: Simulieren Sie vorab mit einem Freund oder mit Ihrem Partner ein Interview. Zeichnen Sie es ruhig auf und schauen Sie danach, was Sie anders und besser machen können.

5. Kleidung: Ein Videointerview ist ein Businesstermin. Die Frisur muss sitzen, das Make-up dezent sein. Tragen Sie zum Interview Ihr Business-Outfit – so als ob Sie zu einem persönlichen Gespräch in einem Unternehmen fahren würden. Empfehlenswerte Farbtöne:

Blau-, Natur- oder Pastelltöne. Gar nicht kommen rüber: grün, gelb oder lila, feine Streifen oder Muster.

6. Keine Störungen: Hängen Sie einen Zettel außen an die Türe des Zimmers, in dem Sie Ihr Videointerview durchführen: »*Bitte nicht stören, bin im Videointerview.*« Stellen Sie Ihr Smartphone und Ihr Festnetztelefon auf lautlos – und den Anrufbeantworter auch. Beenden Sie vor dem Gespräch alle weiteren Programme – auch das E-Mail-Programm oder zumindest die optische und akustische Signalfunktion beim Eingang neuer E-Mails. Räumen Sie alles beiseite, was Sie zum Herumspielen verleiten kann. Schaffen Sie sich eine Atmosphäre, in der Sie sich ganz auf das Videointerview konzentrieren können.

7. Unterlagen: Drucken Sie die Stellenanzeige und Ihre Bewerbungsunterlagen auf Papier aus. Legen Sie Ihren Lebenslauf und eventuelle Notizen ruhig neben den Monitor. Der Personaler bezieht sich auf Ihr Profil, Sie sich auf seine Stellenausschreibung. Sie können sich während des Gesprächs auch ruhig einige Notizen machen; nicht ständig, aber dann, wenn es nötig ist.

8. Irgendwas ist immer: Bekanntlich gibt es nichts, was es nicht gibt – die Verbindung bricht zusammen oder der Nachbar klingelt Sturm, Sie kippen aus Nervosität das Wasserglas über den Laptop oder das Bücherregal im Hintergrund stürzt ein. Auf alles kann man sich nicht vorbereiten. Halten Sie für den Fall der Fälle die Telefonnummer des Personalers bereit – dann können Sie ihn notfalls kurz anrufen.

Sie müssen kein Nobelpreisträger und kein Überflieger sein, um mit über 50 einen neuen Job zu finden. Es reicht, wenn Sie *Sie* selbst sind. Sie müssen einen Jobinterviewer auch nicht zu überwältigenden Juhu-Rufen hinreißen. Es reicht, wenn Sie ihn von sich und von Ihren Fähigkeiten überzeugen. Wir alle führen täglich Gespräche mit anderen Menschen und doch ergreift viele von uns die Panik, wenn wir an das Jobinterview denken. Dann suchen wir wie wild nach Tipps und Tricks, was wir tun und was wir lassen sollen. Oder wir sagen uns, dass es ja auch nur ein Gespräch wie jedes andere ist, und gehen einfach mal hin. Beide Strategien sind selten zielführend.

Ein Jobinterview ist kein Alltagsgespräch. Trotzdem sollten Sie sich so natürlich wie möglich verhalten. Lernen Sie, natürlich zu sprechen und zu wirken und sich so darzustellen, dass ein Gesprächspartner sich gut vorstellen kann, im ICE neben Ihnen zu sitzen. In einem Pitch am Telefon oder auf einer Personalmesse und auch in einem Jobinterview geht es nicht so sehr um Noten oder Lebensläufe, wie Sie vielleicht denken. Sobald Sie mit jemandem im Gespräch sind, haben Sie den Fuß ohnehin schon in der Türe. Pitch oder Interview sind eher eine Prüfung Ihrer Persönlichkeit und ob man Sie mag, ob man sich vorstellen kann, mit Ihnen zusammenzuarbeiten. Darauf können Sie sich einstellen und vorbereiten, so wie auf das erste Date bei der Partnersuche.

Mit Absagen umgehen

Keine Regel gilt immer und keine Technik wirkt überall. Ich höre in der Karriereberatung regelmäßig von meinen Klienten 50 plus, dass sie alle Tipps befolgen und mittlerweile richtig viel Erfahrung beim Bewerben und in Jobinterviews haben und trotzdem keinen Arbeitsvertrag erhalten. Und dann wollen sie wissen, was sie falsch machen.

Eine Absage kann viele Gründe haben, aber manchmal ist es auch ganz einfach: Manchmal passt es einfach nicht. Als Jobsucher haben Sie bestimmte Ebenen im Blick, auf denen wirklich alles gut gelaufen ist. Aber es gibt auch immer Ebenen, die Ihrem Blick verborgen bleiben. Und manchmal ist auch schon von vorneherein klar, dass eine Stelle mit einem internen Bewerber besetzt wird, die gesetzlichen Auflagen jedoch eine offene Ausschreibung und ein Auswahlverfahren vorsehen. Halten Sie sich deshalb nicht zu lange mit einer Absage auf.

Die Jobsuche ist von Natur aus ein Prozess der Zurückweisung. Sie werden häufiger ein *Nein* hören, bevor Sie ein *Ja* und damit einen Arbeitsvertrag bekommen. Und so eine Absage ist für niemanden schön. Doch sie gehört zum Bewerben dazu – wie der Regen zum Regenbogen. Bei einer Absage können Sie aktiv bleiben und sich in einer letzten Kontaktaufnahme mit dem Arbeitgeber – per E-Mail – für den Bewerbungsprozess und die Mitteilung der Entscheidung bedanken, dem Arbeitgeber viel Erfolg mit der Neubesetzung wünschen und anmerken, dass es ja vielleicht in Zukunft die Möglichkeit einer Zusammenarbeit gibt. Damit schlagen Sie drei Fliegen mit einer Klappe: Erstens schließen Sie die Bewerbung mental ab und können schneller und klarer nach vorne blicken. Zweitens zeigen Sie dem Personaler – der ja auch nur seinen Job macht –, dass Sie sportlich fair bleiben und ihm nicht böse sind. Und drittens lassen Sie damit die Türe ins Unternehmen einen Spalt weit offen. Sie wären nicht der erste Bewerber, der nach einer Absage später doch noch einmal kontaktiert wird und eine Zusage erhält – weil ein anderer Kandidat abgesprungen ist.

Nach der letzten E-Mail an den Arbeitgeber schließen Sie den Prozess bewusst ab und richten Ihren Blick nach vorne auf die alternativen Eisen, die Sie auch noch im Feuer haben. Und weiter geht's.

Tröstlich dabei ist: Sich zu bewerben ist ein endlicher Prozess. Denn irgendwann wird er kommen: der Arbeitsvertrag. Herzlichen Glückwunsch! Sie haben einen Arbeitgeber von sich und von Ihren Fähigkeiten überzeugt. Der erste Arbeitstag im neuen Job steht kurz bevor. Gerade beim Einstieg gibt es einige Dinge zu beachten, um sich im neuen Team von Anfang an gut zu positionieren. Welche Punkte das sind, das erfahren Sie jetzt.

DER ARBEITSVERTRAG – DANACH IST ES NICHT VORBEI

Der Arbeitsvertrag ist unterschrieben. Sie haben es weit gebracht. Wenn Sie das Buch bis hierher aufmerksam gelesen haben, beschleicht Sie vielleicht das Gefühl, dass es heutzutage als über 50-Jähriger ganz schön aufwendig ist, einen neuen Arbeitsvertrag zu bekommen. Besonders wenn Sie Ihren Neuorientierungsprozess nicht freiwillig gestartet haben, sondern gezwungen wurden, sich zu verändern – weil Ihr letzter Arbeitgeber restrukturiert und sich von Ihnen getrennt hat. Und wenn der neue Arbeitsvertrag unterschrieben ist, denken Sie vielleicht: *»Jetzt habe ich mich aber genug angestrengt, jetzt mache ich endlich wieder normal weiter.«* Doch das funktioniert so nicht. *»Reinkommen«* ist nur die erste Herausforderung, *»drinbleiben«* die zweite.

Der gesamte Bewerbungsprozess ist ja lediglich ein Abbild der heutigen Arbeitswelt. Die Personaler, die Ihre Bewerbungsunterlagen geprüft, die eine Vorauswahl per Onlinetest oder Telefoninterview getroffen haben, und die Abteilungsleiter, die Ihnen im Jobinterview gegenübersaßen, sind jetzt Ihre Kollegen und Chefs. Die digitale Kommunikationstechnologie, die Sie im Bewerbungsprozess genutzt haben, ist jetzt Ihr tägliches Arbeitsmittel. Die übertragbaren Fähigkeiten, die Sie in Ihrer Bewerbung und im Gespräch präsentiert haben, brauchen Sie jetzt Woche für Woche, um effektiv und effizient zu arbeiten. Ihre Kommunikationsfähigkeit, Ihr Selbst- und Zeitmanagement, Ihre Problemlösefähigkeit und Ihr Organisationstalent, die technischen Fähigkeiten und Ihre Sprachkenntnisse, das alles ist Ihr Arbeitskapital, das Sie jetzt einsetzen können – und müssen.

Das Wichtigste aber ist, dass Sie Ihre agile Einstellung, Ihre aktive Haltung, Ihre Offenheit und Lernfähigkeit behalten – und dass Sie sich körperlich und geistig fithalten. Denn Sie werden gerade am Anfang immer wieder auf die Bedenken von Chefs und Kollegen gegenüber älteren Mitarbeitern stoßen. Am besten räumen Sie diese Bedenken aus, bevor sie sich in den Köpfen der anderen zu Vorurteilen betonieren. Worauf Sie bei Ihrem Einstieg am neuen Arbeitsplatz achten können und wie Sie damit umgehen, wenn Sie merken, dass Sie sich vielleicht doch auf dem Spielfeld geirrt haben, das erfahren Sie jetzt.

Ankommen im neuen Job

Wenn sich etwas ändert, dann kann nicht alles gleichbleiben. *Klar* – sagen die meisten, und doch ist das schneller gesagt, als es tatsächlich gelebt ist. Das fängt schon am ersten Arbeitstag an. Wenn Sie auf einem noch unbekannten Weg zur Arbeit fahren, in ein wenig vertrautes Firmengebäude eintreten, auf Menschen treffen, die Sie zum ersten Mal sehen und an einem Arbeitsplatz ankommen, der sich noch gar nicht nach *Ihrem* Arbeitsplatz anfühlt. Ihr neuer Chef könnte Ihr Sohn sein. Die Kolleginnen Ihre Töchter. Die neuen Aufgaben in Kombination mit der Kommunikationsgeschwindigkeit im Team sind herausfordernd. Das Kantinenessen schmeckt irgendwie anders. Und überhaupt war es im alten Job viel gemütlicher.

Trotz der Freude, dass Sie sich beruflich neu positionieren konnten, können sich gerade am Anfang Abwehrreaktionen bemerkbar machen. Obwohl Sie froh sind, dass Sie, allen Schwierigkeiten zum Trotz, auch mit über 50 einen neuen Job gefunden haben. Und es sich dabei vielleicht sogar um genau die Arbeit handelt, die Sie sich am Anfang Ihres Veränderungsprozesses vorgestellt haben. Vielleicht fühlen Sie sich sehr angespannt, schlafen schlecht, essen unregelmäßig, nehmen zu oder ab oder fühlen sich schlapp. Das wäre vollkommen normal – und noch kein Grund zur Besorgnis. Beachten Sie generell Folgendes:

Veränderung braucht Zeit. Sie können sich am neuen Arbeitsplatz nicht von Tag eins an vertraut fühlen. Selbst wenn es sich um Ihren Traumarbeitgeber und um Ihren Traumjob handelt und Sie die Veränderung wirklich freiwillig wollten. Denn am neuen Arbeitsplatz ist alles neu. Und um sich auf Neues einzulassen, braucht es seine Zeit. Also setzen Sie sich erst gar nicht unter Druck, sich im neuen Job schon in der ersten Woche *zu Hause* fühlen zu müssen. Geben Sie sich einige Wochen, manchmal auch Monate Zeit dafür und achten Sie auf sich und auf Ihre Gesundheit.

Hüten Sie sich vor Ihren Stärken. Ja, Sie haben richtig gelesen. Ihre Stärken haben Sie vielleicht in den vergangenen Jahren bei Ihren letzten Arbeitgebern und in Ihrem letzten Job gut einsetzen können. Das heißt aber nicht, dass das auch beim neuen Arbeitgeber so sein muss. Neue Technologien und neue Aufgaben erfordern vielleicht ganz andere Fähigkeiten als bislang. Im alten Job waren Sie vielleicht als Techniker für die Wartung und Instandhaltung einer Produktionsanlage zuständig. Mit dem gewerblichen rauen Umgangston unter den Produktionsmitarbeitern kamen Sie gut zurecht. Ihre deutliche und durchsetzungsstarke Art zu reden – eine Ihrer Stärken – konnten Sie gut einsetzen. Im neuen Job arbeiten Sie im Technischen Kundenservice. Wenn Sie im Kundenservice jedoch mit dem gleichen deutlichen und durchsetzungsstarken Kommunikationsstil mit den Kunden reden so wie vormals mit den gewerblichen Produktionsmitarbeitern, wäre das eher kontraproduktiv. Achten Sie immer darauf, wie sich die Anforderungen am Arbeitsplatz verändern, und setzen Sie Ihre Fähigkeiten bewusst ein.

Verstehen, wie der andere tickt. Sie erinnern sich an die Geschichte vom Kriegsschiff, dem Leuchtturm und der Kurskorrektur von Steven R. Covey? Versuchen Sie immer erst, den anderen zu verstehen, bevor Sie selbst verstanden werden wollen. Jetzt, wo Sie der Neuling sind, wird diese Haltung überlebenswichtig. Sie vermeiden mit dieser verstehenden Einstellung Konflikte. Sie sparen Energie und Sie lernen dazu. Fragen Sie sich immer, was Sie von den anderen lernen können, bevor Sie Ihre eigene Sichtweise *durchdrücken* wollen – wenn es Ihnen auch manchmal noch so schwerfällt.

Jetzt bewahrheitet es sich, wie gut Sie mit der Diversität und Digitalisierung am neuen Arbeitsplatz klarkommen. Wie offen und umstellungsbereit Sie dafür sind. Wie realistisch Sie sich und Ihre Fähigkeiten einschätzen. Wie lernbereit Sie sind, um neue Abläufe und neue Technologie zu verstehen. Und wie lösungsorientiert Sie denken und handeln.

Ein Risiko müssen Sie jetzt kennen und im Auge behalten. Das Risiko, sich aus Unsicherheit oder Überlastung zu verschließen und eine ablehnende Haltung einzunehmen: die Ablehnungsfalle. *»Die verstehen mich alle einfach nicht.« »Die sollen erst einmal alle* *in mein Alter kommen.« »So kenne ich das überhaupt nicht.« »Ich will das nicht.«* Achten Sie auf sich und auf Ihre Gedanken. Wer andere ablehnt, der wird von anderen abgelehnt. Und Sie wollen doch dazugehören.

Erinnern Sie sich noch daran, wie das damals bei Ihnen war. Als Sie nach der Ausbildung oder nach dem Studium mit einer ungestümen »*Can-do-Einstellung*« in das Berufsleben gestartet sind. Als keine Herausforderung zu groß und kein Arbeitstag zu lang für Sie waren. Wie Sie damals mit älteren Kollegen und Chefs konfrontiert waren und bei dem einen oder der anderen vielleicht dachten: *Warum verschließen die sich denn so vor der Zukunft*?

Ich erinnere mich immer wieder an 1985, an Michael, den 52-jährigen Abteilungsleiter in meinem damaligen Ausbildungsbetrieb, an die IBM-Kugelkopfschreibmaschine und die Einführung des Computers. Vielleicht haben Sie auch so einen »*Leuchtturm*« von früher in Erinnerung. Einen Lehrer oder einen Ausbilder, einen Professor oder einen Onkel, der Sie beeindruckt hat, weil er oder sie so aufgeschlossen, interessiert und lernbereit war.

So positionieren Sie sich am neuen Arbeitsplatz

Es ist nicht immer einfach, sich im neuen Arbeitsumfeld zurechtzufinden und sich von Anfang an gut zu positionieren. Nutzen Sie die folgenden fünf Tipps und reflektieren Sie damit besonders während der Einstiegsphase im neuen Job Ihre Einstellung und Ihr Verhalten, damit Sie gar nicht erst in eine Ablehnungsfalle tappen.

- Gehen Sie niemals von dem aus, was Sie aus den vergangenen Berufsjahren kennen. Erwarten Sie nicht, dass alles so weiterläuft, wie Sie es kennen. Verteidigen Sie nicht die Vergangenheit, sondern begrüßen Sie die Zukunft.
- Zuerst zuhören und dann reden. Ein argentinisches Sprichwort sagt: »Wer spricht, sät, und wer zuhört, erntet.«
- Bleiben Sie neugierig und fragen Sie sich jeden Tag: »Was habe ich heute gelernt?«

- Bauen Sie früh Netzwerke auf. Gehen Sie mit Kollegen und Chefs zum Mittagessen. Lassen Sie sich ab und an in der Kaffeeküche blicken. Nehmen Sie an Events innerhalb und außerhalb der Firma teil.
- Halten Sie sich gesund und fit. Achten Sie auf Ihr Wohlbefinden. Denken Sie an die fünf entscheidenden Tipps: viel bewegen, viel trinken, gesund essen, genug schlafen, wenig Gift (Nikotin, Alkohol ...).

Mit über 50 noch einmal den Job zu wechseln, das ist eine anstrengende Sache, und sich beim neuen Arbeitgeber gut zu positionieren ebenso. Doch wer es bis hierher geschafft hat, für den stehen die Chancen gut, dass alles klappen wird. Denken Sie daran, dass Sie Ihren neuen Arbeitgeber im Bewerbungsprozess von sich und von Ihren Fähigkeiten überzeugt haben. Und das schaffen Sie jetzt auch als neuer Mitarbeiter.

Auf dem Spielfeld geirrt?

Was tun, wenn Sie nach strapaziösen Einstiegswochen merken, dass Sie sich auf dem Spielfeld geirrt haben? Heute, mit über 50, haben sich unsere Werte und Bedürfnisse, aber auch unsere Belastbarkeit verändert. 50 ist einfach nicht das neue 30. Und manchmal merken wir nach einigen Monaten im neuen Job, dass wir uns bei der Wahl des Arbeitgebers geirrt haben – dass wir trotz Aufgeschlossenheit und Agilität einfach nicht klarkommen. Die Branche passt nicht mehr zu uns, die Vollzeitanstellung ist zu viel, das Multitasking zwischen E-Mail, Telefon und Meetings geht an die Substanz, die Chemie zwischen Ihnen und den Kollegen stimmt nicht oder der weite Arbeitsweg wird doch zu anstrengend.

Das kommt zwar nicht so häufig vor, aber ich möchte das Thema dennoch ansprechen. Denn besser ist es, für den Fall der Fälle vorbereitet zu sein. Wenn Sie merken, dass Sie sich bei der Wahl Ihres neuen Arbeitgebers getäuscht haben, brauchen Sie Energiereserven für den nächsten Sprung und drei Erkenntnisse:

Erst einmal durchatmen: Sollten erste Abwehrreaktionen wie große Anspannung, Nervosität, Konzentrationsschwierigkeiten, geringe Leistungsfähigkeit, schlechter Schlaf und Ähnliches nach einigen Monaten nicht abklingen, ist das ein ernstzunehmendes Warnsignal. Unwohlsein und Unzufriedenheit können auf Ihre Gesundheit und auf Ihre Leistungsfähigkeit schlagen. Im schlimmsten Fall werden Sie über längere Zeit krank oder Ihnen wird vom Arbeitgeber wieder gekündigt, weil Sie die erwartete Leistung nicht erbringen. Halten Sie deshalb inne, wenn Symptome wie zum Beispiel innere Unruhe, schlechter Schlaf, große Anspannung oder Angstgefühle anhalten, und überlegen Sie sehr ehrlich, was am neuen Arbeitsplatz nicht stimmt, was anders sein müsste und was Sie jetzt machen können.

Planvoll vorgehen: Wenn es Ihre Gesundheit zulässt, sollten Sie nicht einfach kündigen und gehen. Planen Sie, wie Sie weitermachen werden. Sie wissen bereits, dass es sehr viel einfacher ist, sich aus einer Anstellung heraus zu bewerben, als aus einer Arbeitslosigkeit heraus zu starten – besonders mit 50 plus. Der Job, den Sie angenommen haben, ist eben ein Übergangsjob, ein Sprungbrettjob, und Ihre Wechselstory ist einfach: *»Ich habe mich bei der Wahl des neuen Arbeitgebers auf dem Spielfeld geirrt. Ich musste feststellen, dass die Aufgaben (oder die Branche oder der Arbeitsweg oder das Arbeitszeitmodell) und ich doch nicht so gut zusammenpassen, wie ich das dachte. Deshalb orientiere ich mich bereits in der Probezeit um.«* Nutzen Sie noch einmal all das, was Sie mit diesem Buch gelernt haben. Setzen Sie Ihren Masterplan noch einmal ein. Immerhin hat es beim ersten Mal damit geklappt.

Reißleine ziehen, bevor Sie krank werden: Bevor Sie ernsthaft krank werden, sollten Sie die Reißleine ziehen. Lassen Sie sich dann jedoch von Ihrem Hausarzt attestieren, dass Sie den neuen Arbeitsplatz aus gesundheitlichen Gründen selbst kündigen müssen. So umgehen Sie eine Sperrzeit beim Bezug des Arbeitslosengelds. Und dann heißt Ihre erste Aufgabe: wieder gesund werden. Suchen Sie sich dazu Unterstützung. In der Familie, im Freundeskreis, bei Ihrem Hausarzt oder Psychotherapeuten. Und nutzen Sie spätestens jetzt auch die professionelle Hilfe eines guten Karrierecoachs, der Sie dabei unterstützen kann, beruflich wieder Fuß zu fassen.

Je nachdem wie alt Sie sind, ob Anfang oder Ende 50, und je nachdem, wie es um Ihre Existenzsicherung bestellt ist, brauchen Sie jetzt vielleicht bald einen Plan B. Wie soll es weitergehen, wenn es nicht so weitergehen kann wie bisher, oder wie Sie es eigentlich geplant haben?

PLAN B

Manchmal klappt es nicht mit dem, was wir uns vorgestellt hatten und was wir zunächst vielleicht unbedingt wollten – oder glaubten zu wollen. Das kann viele Gründe haben, aber manchmal liegt es einfach daran, dass sich die eigenen Werte und Bedürfnisse und die eigenen Voraussetzungen so stark verändert haben, dass sie einfach nicht mehr zur Arbeitswelt 4.0 passen – oder vielleicht doch?! Dann kommen Ideen wie zum Beispiel *Schafe züchten auf Kreta* oder *mit 56 Jahren endlich eine kleine mobile Kaffeebar eröffnen*. In der Karriereberatung frage ich dann oft: *Warum eigentlich nicht? Wie würden Sie diese Idee denn umsetzen?*

Wenn nicht jetzt, wann dann?

Und wenn nicht Sie, wer denn sonst? Die neue Arbeitswelt bietet so viele Möglichkeiten und je nach familiärer und finanzieller Ausganssituation gibt es für Sie gar keinen besseren Zeitpunkt, um diese Möglichkeiten zu nutzen als jetzt. Sie brauchen dazu nur ein bisschen Mut und einen guten Plan. Wenn Sie im Verlauf Ihrer beruflichen Neuorientierung merken, dass Sie über das Modell der Normalbeschäftigung hinausgewachsen sind und Ihre Zukunft der Arbeit nicht mehr dem Entwurf *eines Acht-Stunden-Tages* als Angestellter für einen Arbeitgeber entspricht, dann passen Sie damit wunderbar in die neue Arbeitswelt hinein. Wenn Sie spüren, dass Sie mit 50 plus keine Lust und eigentlich auch keine Notwendigkeit mehr haben, sich im Turbo-Hamsterrad mit Menschen zu messen, die deutlich jünger sind als Sie, dann machen Sie doch Ihr eigenes Ding.

Das Normalarbeitsverhältnis löst sich in vielen Bereichen immer mehr auf. Die digitalen Möglichkeiten erfordern nicht nur viel Flexibilität und Mobilität, sie ermöglichen auch genau das. Ideen, die vielleicht vor fünf oder zehn Jahren noch als verrückt galten, sind heute umsetzbar. Warum nicht eine neue Karriere als *Best Ager Influencer* aufbauen und parallel irgendwo einen Brot-und-Butter-Job in Teilzeit annehmen? Oder ein anderes, kleines Start-up gründen – nebenbei. Vielleicht ein oder zwei Zimmer als *Airbnb-Location* vermieten. Warum auch nicht – wenn die Kinder aus dem Haus sind, die Wohnung groß genug ist und Sie Lust darauf haben, Menschen aus anderen Kulturen und Landstrichen zu treffen – und nebenbei damit Geld zu verdienen. Die Umsetzung dieser Geschäftsidee dauert einige Mausklicks lang – und bedarf natürlich einiger Überlegungen vorweg. Es existieren unendlich viele Ideen, die das Potenzial haben, zumindest zu einem erfolgreichen und lukrativen Nebenbei-Start-up zu werden. Unter www.starting-up.de/geschaeftsideen.html finden Sie zahlreiche Anregungen dazu.

Wenn mit über 50 die Karriere, die typische Abfolge von Stellen, die Sie als Angestellter während Ihres Arbeitslebens durchlaufen haben, langsam zu Ende geht, ist das doch *die* Chance, eine eigene, selbstbestimmte Karriere zu gestalten. Eine Karriere, die eher von Ihren persönlichen Wertvorstellungen angetrieben ist als von Belohnungen einer Organisation. Ein Lebens- und Arbeitsmodell, das Ihrer ganzen Person, Ihrer Familie und dem Sinn in

Ihrem Leben dient. Dafür existiert auch schon eine Bezeichnung: die Portfoliokarriere.

Die Portfoliokarriere

Kennen Sie den Begriff der Portfoliokarriere? Als Portfoliokarriere wird ein Erwerbsarbeitsmodell bezeichnet, das unabhängig von einem Arbeitgeber eine Vielzahl von Jobs oder Verträgen in zahlreichen Bereichen mit zahlreichen Auftraggebern umfassen kann. Das entspricht der entgrenzten, flexiblen, mobilen, digitalen VUCA-Welt. Warum nicht diese Freiheit leben? Hier schließt sich der Kreis zum Anfang des Buches, zum Abschnitt *Aufbruch in ein neues Leben* und zu den fünf Fragen:

1. Was ist mir wichtig?
2. Wie will ich leben?
3. Was gibt mir Kraft?
4. Wofür brenne ich?
5. Warum will ich arbeiten?

Bevor Sie eine Portfoliokarriere gestalten, lohnt es sich zu schauen, wie sich Ihre eigenen Werte und Bedürfnisse verändert haben. Fragen Sie sich, was hinter Ihren Vorstellungen steckt. Zum Beispiel hinter der Idee einer *kleinen mobilen Kaffeebar.* Ist es der Wunsch, selbstständig zu arbeiten, und das Bedürfnis, unabhängig von einem Chef zu planen, zu organisieren und umzusetzen? Haben sich Ihre Werte dahingehend verändert, dass Sie nach 30 Jahren zum Beispiel in der Finanzbranche jetzt etwas arbeiten wollen, mit dem Sie Menschen einen Genuss, eine Freude bereiten – ein Trinkerlebnis mit leckerem Kaffee? Wollen Sie vielleicht weg vom Schreibtisch und der abstrakten Arbeit mit Zahlen, hin zu etwas, das Sie anfassen können und bei dem Sie unmittelbar sehen, was Sie tun? Erinnern Sie sich daran, dass eine Veränderung, die Sie sich wünschen, ein Ziel, das Sie sich setzen, oft nur die sichtbare Oberfläche Ihrer

Bedürfnisse darstellt. Das heißt, selbst wenn Sie bei Ihren Planungen merken sollten, dass es mit der ersten Idee nicht klappt, gibt es unendlich viele andere Ideen, Veränderungen, Ziele, die Ihren Bedürfnissen und Werten besser entsprechen.

Wenn Sie in den letzten Monaten oder vielleicht sogar Jahren immer wieder mit der Idee geliebäugelt haben, Ihr eigenes Ding zu machen, haben Sie jetzt die Gelegenheit dazu. Haben Sie bereits eine Vorstellung davon, wie eine Portfoliokarriere für Sie aussehen kann? Welche Idee zu einem möglichen Teilzeitjob haben Sie? Welche Idee für eine kleine Selbstständigkeit treibt Sie um? Wo und wie können Sie das, was in Ihnen steckt, verwirklichen? Denken Sie hier nicht gleich in Millionen, bleiben Sie realistisch. Auch für die Portfoliokarriere gelten die sechs Erfolgsfaktoren, die Sie bereits kennen: Realitätssinn und eine realistische Selbsteinschätzung, eine agile Einstellung und ein lösungsorientiertes Denkmuster, Offenheit für Diversität und Digitalisierung und ein Verständnis dafür, wie die andere Seite – in diesem Fall der Kunde – tickt (vgl. Kapitel 4 *Sechs Erfolgsfaktoren*). Der ganz große Unterschied bei Ihrer Portfoliokarriere ist jedoch: Sie tanzen nach Ihrer eigenen Pfeife und nicht nach der eines Arbeitgebers.

Verknüpfen Sie Ihre Sehnsucht nach dem, was Sie schon lange tun wollten, mit Ihren Fähigkeiten (vgl. Kapitel 1 *Die Zukunft*). Informieren Sie sich, sprechen Sie mit Menschen 50 plus, die diesen Weg bereits gegangen sind. Holen Sie sich Unterstützung von Profis: von Karriereberatern, Beratern für Existenzgründung, von Rechtsanwälten und Finanzberatern. Prüfen Sie auch, welche Beratungs- und Unterstützungsangebote der Arbeitsagentur interessant für Sie sind. Klären Sie die relevanten sozialversicherungsrechtlichen Dinge mit Ihrer Krankenversicherung und mit Ihrem Rententräger. Werden Sie zum eigenen Karrieregestalter. Unter den folgenden Links finden Sie hilfreiche Kontakte und Informationen für diesen neuen Weg:

- www.coach-datenbank.de (ein anerkanntes Coachportal für die professionelle Coachsuche in Deutschland, Österreich und der Schweiz),

- www.dgfk.org (Deutsche Gesellschaft für Karriereberatung e. V. – ein Zusammenschluss von Karriereberaterinnen und Karriereberatern, die nach Qualitätsstandards und ethischen Richtlinien beraten),
- www.existenzgruender.de (offizielles Existenzgründungsportal des Bundesministeriums für Wirtschaft und Technik und eine Fundgrube für alle, die etwas Eignes aufbauen wollen),
- www.gruenderszene.de (eines der relevantesten Onlinemagazine für die Start-up-Szene und die digitale Wirtschaft in Deutschland),
- www.google.de (oder jede andere Suchmaschine – die gezielte Recherche nach Begriffen wie »Start-up«, »nebenbei gründen« oder »Zukunft der Arbeit« wird Sie weiterbringen).

Viel Spaß beim Erkunden und Erforschen Ihrer Möglichkeiten, beim Gestalten Ihrer beruflichen Zukunft und beim Durchstarten 50 plus.

EIN GEDANKE ZUM SCHLUSS

Im Laufe der vergangenen Berufsjahre haben die meisten von uns gut funktioniert. Wir haben viel geleistet. Viele von uns haben nach der Ausbildung oder dem Studium eine ansehnliche Karriere durchlaufen, eine Familie gegründet, eine Wohnung oder ein Haus abbezahlt, die Kinder aufgezogen und die Eltern in den Ruhestand begleitet. Wenn wir uns dann als über 50-Jährige beruflich neu orientieren wollen oder müssen, ist es erst einmal gar nicht so einfach, über unsere gewohnten Denkmuster hinauszugehen.

Das, was wir kennen, das Normalbeschäftigungsverhältnis mit einer 40-Stunden-Woche, ist jedoch nur ein möglicher beruflicher Weg. Die Art, wie wir gearbeitet haben, ist nur eine mögliche Art zu arbeiten. Und das, was wir gearbeitet haben, ist nur ein möglicher Arbeitsinhalt. Der digitale Wandel bietet zahlreiche neue Möglichkeiten. Wenn wir die Offenheit dafür entwickeln und überlegen, wo wir unsere Stärken 50 plus einsetzen können, werden wir Chancen erkennen und nutzen können.

Erlauben Sie sich mit 50 plus, einmal über Ihre gewohnten Grenzen hinauszudenken. *Wenn nicht jetzt, wann dann?*

ANHANG

Bewerber 50 plus müssen oft härter daran arbeiten, um Arbeitgeber von sich, von Ihren Fähigkeiten und von Ihrer Belastbarkeit zu überzeugen. Sie müssen sich stärker darauf fokussieren, die Bedenken auf der anderen Seite auszuräumen und Ihre spezifischen Stärken hervorzuheben. Das mag nicht angenehm sein, aber das ist die Realität. Die folgende Abbildung verdeutlicht, wie wichtig und notwendig ein erhöhter Energieeinsatz während einer Wechselphase ist. Verinnerlichen Sie diese Erkenntnis, dann wird es Ihnen unterwegs leichter fallen, notwendige Anstrengungen zu akzeptieren, einzuordnen und den erhöhten Energieeinsatz zu leisten.

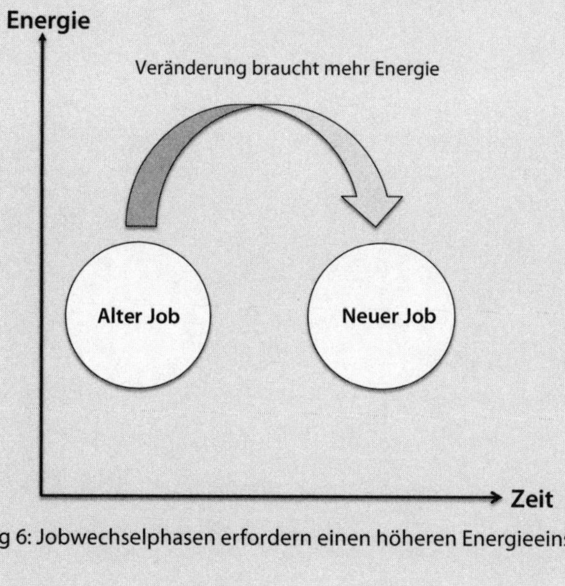

Abbildung 6: Jobwechselphasen erfordern einen höheren Energieeinsatz

Auf den folgenden Seiten habe ich die wichtigsten Erkenntnisse der einzelnen Kapitel in zehn kurzen Checklisten für Sie zusammengestellt – auf einen Blick. Nutzen Sie die Übersichten und Listen, um alle Wissensstränge für Ihren *Masterplan 50 plus* zusammenzubinden. Lesen Sie einzelne Details bei Bedarf auch noch einmal in den einzelnen Kapiteln nach.

CHECKLISTEN

1. STÄRKEN 50 PLUS, DIE AUF DEM ARBEITSMARKT GESUCHT WERDEN

Die folgenden zehn Stärken werden besonders älteren Mitarbeitern zugeschrieben. Prüfen Sie, inwieweit diese Stärken auf Sie zutreffen und wie Sie diese Punkte in Ihren Bewerbungsunterlagen und in Ihrer Selbstpräsentation besonders hervorheben können.

- Bereitschaft, Verantwortung zu übernehmen
- Disziplin und Durchhaltevermögen
- Branchen-, Fach- und Spezialkenntnisse
- langjährig gepflegte Netzwerke
- Empathie und Geduld
- Verbindlichkeit (in der Kommunikation und im Handeln)
- gute Umgangsformen
- Seniorität (besonders für den Beratungs- und Dienstleistungsbereich)
- Lebenserfahrung
- (meist) abgeschlossene Familienplanung

Stärken 50 plus sind immer in Verbindung mit einer agilen Einstellung und gesundheitlicher Fitness zu sehen. Einige Stärken sind an bestimmte Branchen und Arbeitsfelder gebunden, andere sind branchen- und aufgabenunabhängig gesucht und einsetzbar. Suchen Sie nach Arbeitgebern, die Mitarbeiter 50 plus mit diesen Stärken willkommen heißen – und halten Sie sich geistig und körperlich fit.

2. BEDENKEN SEITENS DER ARBEITGEBER GEGENÜBER BEWERBERN 50 PLUS

Die folgenden fünf Bedenken gegenüber älteren Bewerbern und Mitarbeitern halten sich hartnäckig bei Arbeitgebern. Die Statistik und die Erfahrungen in Unternehmen bekräftigen die Bedenken leider. Prüfen Sie, inwieweit die Bedenken auf Sie zutreffen und wie Sie sie in Ihren Bewerbungsunterlagen und in Ihrer Selbstpräsentation entkräften oder sogar ausräumen können.

- »zu teuer« – unrealistisch hohe Gehaltsforderungen
- »zu oft krank« – geringe Belastbarkeit und Fitness
- »will nicht mehr lernen« – geringe Lernbereitschaft und -fähigkeit
- »ist unflexibel« – kann sich nicht mehr auf unterschiedliche Menschen, Situationen und Technologien einstellen
- »ist stur« – will sich nichts von anderen, schon gar nicht von Jüngeren sagen lassen

Die Bedenken 50 plus sind immer in Verbindung mit der Einstellung und der gesundheitlichen Fitness zu sehen. Das Gute ist, dass Sie auf alle Punkte einen Einfluss haben – und zwar nur Sie. Suchen Sie nach Arbeitgebern, die Mitarbeiter 50 plus willkommen heißen – und halten Sie sich geistig und körperlich fit.

3. VUCA-WELT UND AGILITÄT

Der Begriff *VUCA-Welt* beschreibt eine Welt, die

- unbeständig (*volatil*),
- unsicher (*uncertain*),
- komplex (*complex*) und
- mehrdeutig (*ambiguous*) ist.

Der digitale Wandel verändert die (Arbeits-)Welt sehr viel schneller als alles bisher Dagewesene. Anders als bislang in der Geschichte haben Arbeitskräfte nicht mehr so viel Zeit zur Verfügung, um sich persönlich und qualifikatorisch anzupassen. Wir müssen uns schneller bewegen, länger lernen, ideenreicher mit sich ständig verändernden komplexen Situationen klarkommen, mit Unsicherheit und mit Mehrdeutigkeit konstruktiv umgehen. Der Schlüssel zur VUCA-Welt ist Agilität, die Fähigkeit, in Zeiten des Wandels

- flexibel,
- proaktiv,
- antizipativ und
- initiativ zu agieren.

Prüfen Sie Ihre Einstellung zur Agilität. Wie agil sind Sie? Überlegen Sie, wie Sie eine agile Einstellung entwickeln und fördern und wie Sie diese Punkte in Ihren Bewerbungsunterlagen und in Ihrer Selbstpräsentation besonders hervorheben können.

4. ÜBERTRAGBARE FÄHIGKEITEN FÜR DIE ARBEITSWELT 4.0

Bei den folgenden zehn Fähigkeiten handelt es sich um übertragbare Fähigkeiten, die gefragt sind und die Sie branchen- und aufgabenunabhängig einsetzen können. Prüfen Sie, inwieweit Sie über diese Fähigkeiten verfügen, wie Sie sie erlernen und entwickeln können und wie Sie sie in Ihren Bewerbungsunterlagen und in Ihrer Selbstpräsentation besonders hervorheben können.

- *Kommunikationsfähigkeit:* Mit verschiedenen Menschen in unterschiedlichen Situationen verbindlich, konstruktiv und zielführend sprechen.
- *Selbst- und Zeitmanagement:* Sich selbst effektiv und effizient steuern, sich fokussieren und sich nicht ablenken lassen.
- *Problemlösefähigkeit:* Einen Ist-Zustand gegen Widerstände in einen Soll-Zustand überführen.
- *Organisationsfähigkeit:* Dinge effektiv planen und organisieren und dazu die notwendigen Ziele definieren.
- *Lernfähigkeit:* Ausbildungsinhalte eigenständig und langfristig aufnehmen, logisch einordnen, verarbeiten und aus Fehlern lernen.
- *Technische Fähigkeiten:* Technische Instrumente und Informationstechnologie selbstständig und gezielt anwenden.
- *Kreativität:* Etwas Neues erschaffen, das es so noch nicht gibt und das nützlich und brauchbar ist.
- *Führungsqualität:* Ziele festlegen und das Verhalten anderer so beeinflussen, dass diese Ziele in Resultate umgesetzt werden.
- *Fremdsprachen:* Englisch ist fast schon Voraussetzung.
- *IT-Fähigkeiten:* Die Fähigkeit, einen Computer zu bedienen und Softwareprogramme zu nutzen.

5. DIE SECHS JOBFAKTOREN

Mit den folgenden sechs Jobfaktoren definieren Sie Ihr Jobziel:

- Branche,
- Position,
- Aufgaben,
- Arbeitsort,
- Arbeitszeit,
- Gehalt.

Ihre Möglichkeiten richten sich nach den Erfahrungen, Fähigkeiten und Einstellungen, die Sie mitbringen, und nach Ihren Werten und Bedürfnissen, die sich im Laufe der vergangenen Berufsjahre entwickelt und vielleicht auch grundlegend verändert haben. Prüfen Sie Ihr Jobziel auf eine realistische Definition einzelner Jobfaktoren. Dabei geht es immer um die Schnittmenge aus Ihren Wünschen und der Wirklichkeit. Was wollen Sie und was sind Sie bereit und fähig, dafür einzusetzen? Passen Sie gegebenenfalls Ihr Jobziel an. In Ihren Bewerbungsunterlagen und in Ihrer Selbstpräsentation heben Sie dann besonders die übertragbaren Fähigkeiten und persönlichen Eigenschaften hervor, die zu Ihrem Jobziel und zur jeweiligen Stellenausschreibung passen.

6. PASSUNG ZWISCHEN IHREM PROFIL UND EINEM ARBEITGEBERBEDARF

- Um welche Stelle handelt es sich konkret?
- Welche Fähigkeiten und persönlichen Stärken fragt der Arbeitgeber für diese Stelle nach?
- Welche Fähigkeiten und persönliche Stärken bringen Sie konkret für diese Anforderungen mit?
- Welche Fähigkeiten und persönlichen Stärken fehlen Ihnen für die Stelle noch?
- Wie können Sie das, was Ihnen fehlt, ausgleichen?

Beantworten Sie sich jede einzelne dieser fünf Fragen bei jeder einzelnen Stellenausschreibung, auf die Sie sich bewerben wollen. Überlegen Sie dann, wie Sie einem Arbeitgeber präzise vermitteln können, dass Sie der passende Kandidat für die jeweilige Stelle sind: In Ihrem *Pitch* am Telefon, in Ihren Bewerbungsunterlagen (Anschreiben, Lebenslauf und Nachweise), in einem Jobinterview und mit Ihrem Kommunikationsverhalten im gesamten Bewerbungsprozess.

7. DAS JOBINTERVIEW: FÜNF FALLEN 50 PLUS

- **Mit Kanonen auf Spatzen schießen:** Über 50-Jährige listen oft viele Erfolgsgeschichten aus den vergangenen Berufsjahren auf und schüchtern junge Interviewer damit ein, statt sie zu beindrucken. Besser ist es, den Interviewer wissen zu lassen, was Sie für die Zukunft mitbringen.
- **»Damals, als ich so jung war wie Sie heute ...«:** Menschen 50 plus reden häufig zu viel und hören nicht genau hin. Wenn der Interviewer etwas erzählt oder erklärt, tun sie so, als ob sie schon alles wüssten. Besser ist es zuzuhören.
- **Diversität und Digitalisierung:** Fünfziger zeigen sich oft wenig offen gegenüber neuen Technologien und Arbeitsweisen, gegenüber multikulturellen und multigenerationalen Arbeitsteams. Besser ist es, Sie erwähnen, wo Sie damit bereits Berührungspunkte hatten.
- **Vorbereiten und üben:** Über 50-Jährige bereiten sich zu wenig auf das Jobinterview vor. Viele denken, dass sie den Arbeitgeber mit ihrer umfangreichen Berufserfahrung sowieso leicht überzeugen. Doch das stimmt nicht. Besser ist es, sich intensiv vorzubereiten.
- **Dress for Success:** Unterschätzen Sie nicht die Wirkung der Kleidung auf den Erfolg. Besser ist es, sich genau zu überlegen, welche nonverbale Aussage der eigene Kleidungsstil hat, wie er auf andere wirkt und welche Kleidung für die angestrebte Position in der jeweiligen Branche angemessen ist.

Prüfen Sie, inwieweit Sie bereits in diese Fallen getappt sind und wie Sie sie im nächsten Jobinterview umgehen können.

8. DAS JOBINTERVIEW: FÜNF CHANCEN 50 PLUS

- **Rollenklarheit:** Ihre Interviewer – Personaler und Fachabteilungsleiter – werden oft jünger sein als Sie. Im Jobinterview können und müssen Sie beweisen, wie offen und aufgeschlossen Sie gegenüber jungen Menschen eingestellt sind – den jungen Menschen, die später Ihre Kollegen sein werden.
- **Dialog:** Ein Jobinterview ist im besten Fall ein Dialog. Durch Ihre Vorbereitung kennen Sie die wichtigsten Fragen, auf die Sie eine Antwort haben müssen. Und Sie haben eigene Fragen vorbereitet, mit denen Sie Ihr Interesse signalisieren.
- **Vier Gesprächsregeln:** 1. Die *50/50 Regel:* Rund 50 Prozent der Interviewzeit reden Sie, 50 Prozent der Zeit hören Sie zu. 2. Die *30/120 Regel*: Einzelne Antworten sind nicht länger als rund zwei Minuten, aber auch nicht kürzer als rund 30 Sekunden. 3. *Lächeln Sie:* Die kürzeste Verbindung zwischen zwei Menschen ist ein Lächeln. 4. Erzählen Sie *Beispiele.*
- **Loyalität:** Reden Sie niemals schlecht über jemanden – besonders nicht über einen ehemaligen Arbeitgeber. Reden Sie immer wohlwollend über andere – auch wenn es Ihnen manchmal schwerfällt.
- **Erscheinungsbild:** Ein moderner Kleidungsstils, der zu Ihrem Typ passt, ist ein Erfolgsfaktor. Gehen Sie auch noch einmal zum Friseur, vielleicht auch zum Optiker und zum Zahnarzt.

Prüfen Sie, inwieweit Sie diese fünf Chancen im Jobinterview bereits nutzen.

9. DIE 12 WICHTIGSTEN TIPPS FÜR BEWERBER 50 PLUS

1. Suchen Sie nach einem neuen Job, solange Sie noch in Ihrem alten Job sind.
2. Machen Sie sich rechtzeitig startklar. Halten Sie sich besonders in unsicheren Jobzeiten stets bewerbungsbereit.
3. Überlegen Sie genau, was Sie wollen und was Sie können und wer Ihre übertragbaren Fähigkeiten und persönlichen Eigenschaften gebrauchen kann.
4. Lernen Sie die Kunst des *Pitchens* und der Selbstpräsentation.
5. Bauen Sie sich ein Netzwerk aus persönlichen Kontakten auf und pflegen Sie es.
6. Halten Sie stets die für Sie wichtigen fachlichen Fähigkeiten *auf dem neuesten Stand*. Bilden Sie sich fort.
7. Legen Sie sich eine kleine Finanzreserve an, die Ihnen im Ernstfall einen Zeitpuffer, Sicherheit und einen ruhigen Schlaf ermöglicht.
8. Denken Sie an die K.s.p.s.v.-Erfolgsstrategie. Nehmen Sie bei Ihrer Jobsuchaktion *konsequent*, *systematisch*, *parallel* und *schnell* zu *vielen* Arbeitgebern Kontakt auf.
9. Bewerben Sie sich bei Arbeitgebern, die Arbeitskräfte 50 plus willkommen heißen.
10. Rufen Sie einen potenziellen Arbeitgeber an, bevor Sie sich bewerben.
11. Halten Sie stets einen Plan B parat – falls das, was Sie zuerst geplant haben, nicht funktioniert.
12. Achten Sie auf sich, auf Ihre Gesundheit und auf Ihr Wohlbefinden.

10. MIT DER ZIELSETZUNGSKARTE ZUM ERFOLG

Ziel:
Einen Job finden im Bereich Customer Service in einem mittelständischen produzierenden Betrieb als Teamleiterin für ~48 000 Euro p. a., Vollzeit, im Umkreis von 25 Kilometern um meinen Wohnsitz.

Das Ziel ist wichtig für mich, denn:
Ich möchte für meinen Lebensunterhalt aufkommen und genug Geld haben, um meine Freizeit schön zu gestalten, zum Beispiel mit meinen Freundinnen und Freunden auszugehen, zu shoppen und zu reisen.

Zeitfenster:
Ich möchte meinen Job innerhalb von drei bis sechs Monaten antreten.

Termin:
Bis wann ______________________________

Meine Aktionsschritte sind:

Was	*Bis wann*
1. Fähigkeiten bewerten	________
2. Persönliche Stärken bewerten	________
3. Weiterbildung EDV machen	________
4. Onlinejobsuche	________
5. Stellenanzeigen auswerten	________
• geforderte Fähigkeiten und Stärken	
• geforderte Qualifikation und Erfahrung	
• Arbeitsort, Arbeitszeit, Gehalt	
6. Networking, persönliche Kontakte	________
7. Lebenslauf maßschneidern	________
8. ...	________

Mit meiner Zielsetzungskarte zum Erfolg

Ziel:

____

____

Das Ziel ist wichtig für mich, denn:

____

____

Zeitfenster:

____

Termin:

Bis wann ____

Meine Aktionsschritte:

Was		*Bis wann*
1.	______________________________	____________
2.	______________________________	____________
3.	______________________________	____________
4.	______________________________	____________
5.	______________________________	____________
6.	______________________________	____________
7.	______________________________	____________
8.	______________________________	____________
9.	______________________________	____________
10.	______________________________	____________
11.	______________________________	____________
12.	______________________________	____________

DIE WICHTIGSTEN LINKS

www.arbeitsagentur.de
Eine Fundgrube für Informationen über Berufe, Aus- und Weiterbildungen sowie zu den rechtlichen Bestimmungen zum Thema Arbeitslosigkeit und zudem immer noch eine der größten Jobsuchmaschinen.

www.coach-datenbank.de
Ein anerkanntes Coachportal für die professionelle Coachsuche in Deutschland, Österreich und der Schweiz.

https://www.deinguterruf.de
Spezialist und kommerzieller Anbieter für Onlinereputation. Wenn Ihr guter Ruf durch negative Einträge im Internet in Gefahr ist, können Sie hier (kostenpflichtige) Unterstützung bekommen.

www.deutsche-anwaltshotline.de
Bei einfacheren juristischen Fragen zum Arbeitsvertrag beispielsweise zur Kündigungsfrist hilft ein kurzer (kostenpflichtiger) Anruf bei der Anwaltshotline.

www.gesetze-im-internet.de
Offizielle Seite des Bundesministeriums der Justiz und für Verbraucherschutz. Sehr hilfreich, um sich bei rechtlichen Fragen einen ersten Überblick zu verschaffen.

www.dgfk.org
Die Deutsche Gesellschaft für Karriereberatung e. V. ist ein Zusammenschluss von Karriereberaterinnen und Karriereberatern, die nach Qualitätsstandards und ethischen Richtlinien beraten.

www.din-5008-richtlinien.de
Die Norm DIN 5008 legt die Schreib- und Gestaltungsregeln für die Textverarbeitung fest. Sie gehört zu den grundlegenden Normen für Arbeiten im

Büro- und Verwaltungsbereich. Damit stellt sie die Grundlage für das Bewerbungsanschreiben dar. Informationen und Musterbriefvorlagen findet man unter diesem Link.

www.existenzgruender.de

Offizielles Existenzgründungsportal des Bundesministeriums für Wirtschaft und Technik und eine Fundgrube für alle, die etwas Eignes aufbauen wollen.

www.gehalt.de
www.gehaltsvergleich.de

Zwei Gehaltsvergleichsportale, auf denen Sie erste Anhaltspunkte zu marktüblichen Gehälteren in verschiedenen Branchen, Unternehmen und Positionen finden.

http://oeffentlicher-dienst.info/tvoed/

Offizielles Portal zur Berechnung von Gehältern im öffentlichen Dienst nach dem Tarifvertrag für den Öffentlichen Dienst (TVöD).

www.google.de

Die gezielte Recherche nach Begriffen wie »Start-up«, »Karriereberatung«, »Coaching«, »Gehalt« oder »Zukunft der Arbeit« bei Google oder jeder anderen Suchmaschine Ihrer Wahl lohnt sich.

www.gruenderszene.de

Eines der relevantesten Onlinemagazine für die Start-up-Szene und die digitale Wirtschaft in Deutschland.

www.starting-up.de/geschaeftsidee.html

Lust auf Inspiration? Unter diesem Link finden Sie zahlreiche Geschäftsideen, die das Potenzial haben, zumindest zu einem erfolgreichen und lukrativen Nebenbei-Start-up zu werden.

https://www.ihk.de

Die Industrie- und Handelskammer ist eine gute Anlaufstelle, wenn es um Aus- und Weiterbildungen geht, aber auch, wenn Sie sich selbstständig machen wollen.

www.karriere.de
www.jobsuche-regional.com/personalmessen/

Informationen rund um Personalevents und Personalmessen mit aktuellem Veranstaltungskalender regional und bundesweit.

www.kununu.de
Ein Onlineportal, auf dem Mitarbeiter und Bewerber Arbeitgeber bewerten. Geeignet, um sich einen ersten Eindruck über die Unternehmenskultur und Arbeitsbedingungen bei Unternehmen zu verschaffen. Aber Vorsicht. Lassen Sie sich davon nicht zu stark beeinflussen. Am besten bilden Sie sich immer einen eigenen Eindruck im Telefongespräch oder vor Ort.

www.top-arbeitgeber.de
Hier finden Sie die jährlich mit dem Siegel »Top Job« ausgezeichneten Arbeitgeber in Deutschland. Dabei handelt es sich um Unternehmen aus dem Mittelstand, die aufgrund ihrer Arbeitgeberattraktivität und Nachhaltigkeit positiv auffallen.

www.deutsche-rentenversicherung.de
Bei allen Fragen rund um die Rente finden Sie auf dieser offiziellen Internetseite der Deutschen Rentenversicherung nützliche Informationen und weiterführende Hilfe.

www.job-server.net
www.jobnetzwerk-50 plus.de
Spezifische Jobbörsen für Fachkräfte über 50, für die Karriere 50 plus und für Gelegenheitsjobs für ältere Arbeitnehmer.

www.ingenieurscout.de
www.ingenieurjobs.de
www.ingenieur.de
www.jobvector.de
www.t5-karriereportal.de
Spezielle Stellenbörsen für Jobangebote im technischen Bereich oder für Naturwissenschaftler, Mediziner, Informatiker und Ingenieure. Für jede Berufsgruppe gibt es spezifische Jobbörsen. Googeln Sie einfach danach.

www.indeed.de
www.kimeta.de
www.stepstone.de
www.monster.de
Aktuell sind diese vier Jobbörsen die besten Jobportale im Netz – und auch sehr gut für Jobsucher über 50 geeignet.

www.bitkom.org
www.destatis.de
www.iab.de

Wer die Entwicklungen auf dem Arbeitsmarkt, in der Bevölkerung und bei der digitalen Technik verfolgen will, um zu antizipieren, wohin sich die Arbeitswelt bewegen wird, der ist auf diesen Internetseiten richtig.

LITERATUR

Bundesverband Informationswirtschaft, Telekommunikation und neue Medien e. V. (Bitkom), Berlin, 2018. www.bitkom.org

Bürgerliches Gesetzbuch BGB. 81. Auflage. dtv Verlagsgesellschaft, München, 2018.

Bundesdatenschutzgesetz (BDSG). 2018. https://dsgvo-gesetz.de/bdsg-neu/

Bundesministerium für Familie, Senioren, Frauen und Jugend (BMFSFJ). 2018. https://www.bmfsfj.de/bmfsfj/aktuelles/alle-meldungen/gesetz-fuer-mehr-lohngerechtigkeit-tritt-in-kraft/113440

Bundesministerium für Wirtschaft und Energie (BMWi) (Hrsg.): *WEISSBUCH Digitale Plattformen. Digitale Ordnungspolitik für Wachstum, Innovation, Wettbewerb und Teilhabe.* Spree Druck GmbH, Berlin, 2017.

Center of Human Resources Information Systems (CHRIS) der Universität Bamberg und Monster Worldwide Deutschland GmbH: *Recruiting Trends 2016.* Im Internet kostenfrei als PDF bei www.uni-bamberg.de, 2016.

Covey, S. R.: *The Seven Habits of Highly Effectiv People.* Simon & Schuster, New York, 1989.

Deutsches Institut für Erwachsenenbildung (DIE). Bonn, 2017. www.die-bonn.de

Engst, J.; Willmann, H.-G.; Brenner, D.: *Duden Ratgeber Professionelles Bewerben. Von der Stellensuche bis zur Zusage.* Duden Verlag, Berlin, 2018.

Frey, C. B. & Osborne, M. A.: *The Future of Employment: How Susceptible are Jobs to Computerisation?* University of Oxford, 2013.

Gewerbeordnung GewO. 40. Auflage. dtv Verlagsgesellschaft, München, 2018.

Institut der deutschen Wirtschaft Köln e. V. Kompetenzzentrum Fachkräfteentwicklung (KOFA) 2018. www.kofa.de

Grolle, J.: *Mini-Fabriken: Forscher prognostizieren nächste digitale Revolution.* Spiegel Onlline. http://www.spiegel.de/wissenschaft/mensch/fablabs-forscher-prognostizieren-naechste-revolution-a-1193001.html, 16.02.2018

Institut für Arbeitsmarkt- und Berufsforschung, Nürnberg, 2018. www.iab.de

Plötz, F.: *Das 4-Stunden-Startup. Wie Sie Ihre Träume verwirklichen, ohne zu kündigen.* Econ Ullstein Buchverlage GmbH, Berlin, 2016.

Shareground und Universität St. Gallen. *Arbeit 4.0: Megatrends Digitaler Arbeit Der Zukunft – 25 Thesen*, 2015.

Sozialgesetzbuch SGB. 47. Auflage. dtv Verlagsgesellschaft, München, 2018

Sprenger, R. K.: *Das Prinzip Selbstverantwortung: Wege zur Motivation*. Campus Verlag, Frankfurt, 13. Aufl. 2015.

Statistisches Bundesamt, Wiesbaden www.destatis.de

Watkins, M.; Neubauer, J.: *Die entscheidenden 90 Tage: So meistern Sie jede neue Managementaufgabe*. Campus Verlag, Frankfurt, 2007.

Watzlawick, P.: *Anleitung zum Unglücklichsein*. Piper Verlag, München, 15. Aufl. 2009.

Willmann, H.-G.: *Duden Ratgeber: Arbeitsmappe Berufliche Neuorientierung: Träume ernst nehmen, Potenziale erkennen, Hindernisse überwinden, Entscheidungen treffen*. Duden Verlag, Berlin, 2013.

Willmann, H.-G.; Rodatus, A.: *Duden Ratgeber: Die 50 wichtigsten Arbeitgeberfragen im Vorstellungsgespräch: Die besten Antworten erarbeiten und trainieren*. Duden Verlag, Berlin, 2015

Willmann, H.-G.: *Duden Trainer – Einstellungstest: Assessment-Center & Co. erfolgreich bestehen*. Duden Verlag, Berlin, 2015.

Willmann, H.-G.: *30 Minuten Wie Personaler ticken*. Gabal Verlag, Offenbach, 2018.

Willmann, H.-G.: *30 Minuten Selbstvertrauen*. Gabal Verlag, Offenbach, 3. Aufl. 2018.

Willmann, H.-G.: *30 Minuten Willenskraft*. Gabal Verlag, Offenbach, 5. Aufl. 2015.

Willmann, H.-G.: *30 Minuten Arbeitszufriedenheit*. Gabal Verlag, Offenbach, 2015.

Willmann, H.-G.: *30 Minuten Begeisterung*. Gabal Verlag, Offenbach, 2014.

REGISTER

AUTOR

© Foto Alex Jung

Hans-Georg Willmann berät seit 20 Jahren erfolgreich Menschen über 50, die sich beruflich neu orientieren und positionieren wollen oder müssen. Der Diplom-Psychologe und zertifizierte Coach (Berufsverband Deutscher Psychologen) gründete 2003 sein eigenes Büro für Personalberatung und Coaching in Freiburg. Er ist Autor zahlreicher Karriereratgeber. Seine Mission lautet: *Menschen weiterbringen.*

Mehr zu Willmann finden Sie unter www.willenskraft.de

Anregungen und Kommentare gerne an den Autor unter:
willmann@willenskraft.de